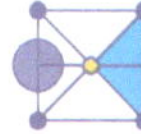

ディジタル回路

佐藤隆英［著］

講談社

本文デザイン
トップスタジオ デザイン室（轟木亜紀子）

まえがき

ディジタル回路は、現代の電子機器や情報通信システムを支える基盤技術としてますます重要性を増しています。スマートフォンやコンピュータといった身近な機器から、自動車・産業ロボットなどの高度な制御システムに至るまで、社会のさまざまな場面で活用されていることは周知のとおりです。このように多岐にわたる分野で用いられるディジタル回路を理解することは、電子工学を学ぶうえで非常に大切です。

本書は、ディジタル回路をこれから学び始める学生を対象に、代表的な回路の機能、構成、設計手法を分かりやすく解説しています。初学者が身に付けるべき基礎的な知識を幅広く取り上げ、さらに読者が専門的なディジタル集積回路の設計の学習へと進むための基礎を築くことを目指しました。また、ソフトウェアを主として学ぶ学生がハードウェアの基礎を学ぶ際にも活用できるよう、内容や構成に配慮しました。

近年、ディジタル集積回路は急速に大規模化・高性能化が進み、実際の装置におけるディジタル回路設計は一段と複雑になっています。従来のように個別の部品を組み合わせて装置を構成することはまれとなり、専用ICやFPGAによる実装をすることが一般的です。本書ではこうした現状を踏まえて、現代ではあまり使われなくなった知識を見直し、実際の設計現場で役立つ実践的な知識を優先的に解説しました。例えば、フリップフロップとしてはD-フリップフロップを中心に取り上げていることは、本書の特徴の一つです。また、大規模ディジタル回路の設計フローについても解説しています。

ディジタル回路の設計には、配線遅延やタイミング設計、低消費電力化など、さまざまな考慮が必要となります。しかし、本書では紙幅の都合上、これらの発展的な事項の詳細は割愛し、読者のみなさまの今後の学習に委ねる方針を採りました。まずは本書で扱う基礎的な内容を十分に身に付け、そのうえでより実践的な事項へ学習を進めていただければ幸いです。

本書の執筆にあたり、執筆に注力できる環境を整えてくれた家族に深く感謝します。また、校正作業にご協力いただいた石上拓也氏に厚く御礼申し上げます。さらに、本書の執筆の機会を与えてくださった株式会社 講談社サイエンティフィクのみなさま、特に執筆が思うように進まない中でも根気強くご支援くださった秋元将吾氏にあらためて感謝を申し上げます。多くの方々のご協力とご助力があってこそ、本書を完成へと導くことができました。

本書が読者のみなさまの学習に少しでもお役に立ち、ディジタル回路の世界へと踏み出す一助となれば、これに勝る喜びはありません。読者のみなさまが本書を通じて、ディジタル回路の魅力と可能性を存分に感じ取ってくださることを願っております。

2025 年 3 月

佐 藤 隆 英

目　次

第1章 ディジタル回路の概要

本章では、ディジタル回路を学ぶうえで必要となる基礎知識を学ぶ。具体的には、ディジタル回路が扱うディジタル信号、ディジタル回路の基本的な構成要素、その応用について説明する。ディジタル回路とは何か、その全体像を理解して、続く章の理解を容易にするのが本章の目的である。

本章のポイント

- アナログ信号は時間と値がともに連続な信号であり、ディジタル信号は時間と値がともに離散的な信号である。
- ディジタル回路では信号を0と1の2値を使って表現し、処理する。
- ディジタル回路は、論理ゲートと呼ばれる基本素子を組み合わせて実現される。
- 論理ゲートにはAND、OR、NOTなどがある。これらの動作はブール代数を用いて数式に表される。
- ディジタル回路には、組み合わせ回路と順序回路がある。
- ディジタル回路は、コンピュータ、通信機器、家電製品など、さまざまな分野で応用されている。

1.1 ディジタル信号とアナログ信号

現在、私たちはスマートフォンなどを用いて音楽や動画を楽しむことができる。図1.1に、スマートフォンで音楽を取得し、再生するまでの信号のやりとり

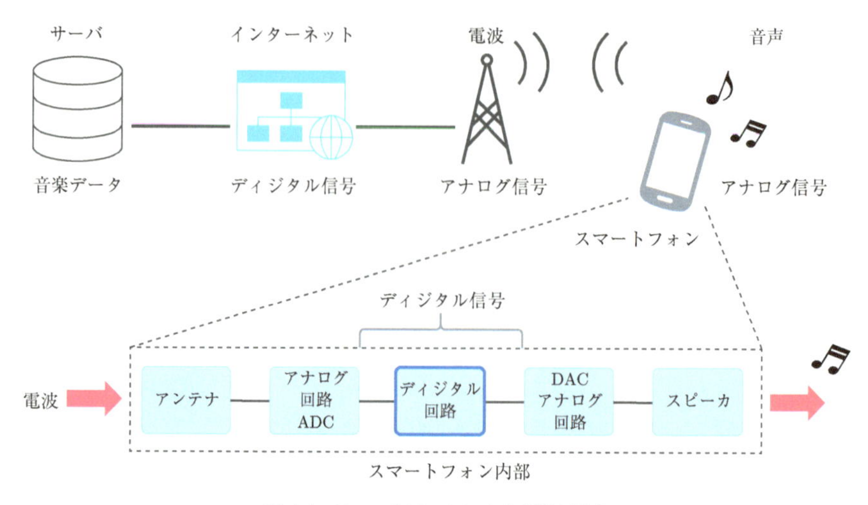

図 1.1　スマートフォンによる音楽の再生

を示す。サーバから提供される音楽データはディジタルデータである。スマートフォンが音楽や動画を再生するとき、サーバに保存されている音楽のデータ（ディジタル信号）は電波（アナログ信号）に乗ってスマートフォンに届けられる。スマートフォンは受信信号から音楽のディジタル信号を取り出して処理したあと、スピーカから音（アナログ信号）として出力する。このように現在の電子機器の多くは、機器外部との通信や人間への情報の伝達には**アナログ信号**（analog signal）を用い、機器の内部の信号処理には**ディジタル信号**（digital signal）を用いている。アナログ信号を処理する回路は**アナログ回路**（analog circuit）と呼ばれ、ディジタル信号を信号として扱う回路を**ディジタル回路**（digital circuit）と呼ぶ。現代の電子機器の多くはアナログ回路とディジタル回路の両方で構成されており、いずれも欠くことができない。

ディジタル信号はディジタル回路（ハードウェア）を用いずとも、マイコンなどを用いてソフトウェアで処理することもできる。集積回路の動作速度の向上化の結果、ソフトウェアによるディジタル信号処理の適用可能な範囲も拡大している。しかし、複雑な信号処理を高速に行う用途では、処理速度が高速な専用のディジタル回路による処理は必須である。また、ソフトウェアによるディジタル信号処理を行う場合にも、その処理を実現するコンピュータはディジタル回路である。このため、ディジタル回路はその重要度を増している。

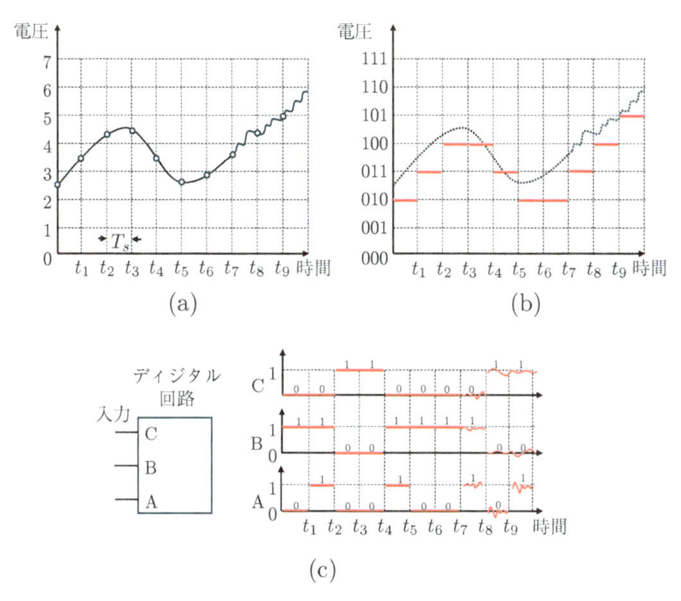

図 1.2 アナログ信号とディジタル信号 (a) アナログ信号 (b) ディジタル信号

現在の電子機器の多くでは、装置内部ではディジタル信号が用いられる。アナログ信号からディジタル信号を得る手順を通じて、ディジタル信号の性質と特徴を理解しよう。アナログ信号の例として、マイク（マイクロフォン）で取得された音声信号を考える。マイクは、空気振動である音声信号を音の大きさに応じて電圧振幅に変換する装置である。マイクから出力される電圧波形を図 1.2（a）に実線で示す。ここで得られる電気信号は、時間（横軸）、電圧（縦軸）ともに連続な信号である。このように、縦軸横軸ともに連続な信号をアナログ信号と呼ぶ。マイクで取得した音声に限らず、アンテナで取得できる電波やイメージセンサで取得できる光など、自然界の信号の多くはアナログ信号である。アナログ信号には電圧（振幅）や周波数に信号が含まれるため、図 1.2（a）の時刻 t_7 以降に示すように、取得した信号に雑音が混入すると信号の品質が劣化する。また、連続信号であるため信号の記録や複製が難しい。

次に、この音声信号をディジタル信号に変換する。アナログ信号をディジタル信号に変換するためには、まず、アナログ信号を時間的に等間隔でとりだす。この操作を**標本化**（サンプリング, sampling）と呼ぶ。図 1.2（a）の音声信号をサンプリング周期 T_s で標本化すると、同図の○印が得られる。アナログ信号はサンプリングにより時間的に飛び飛び（離散的）な信号となる*1。標本化された信号は、時間的（横軸）に不連続な T_s 間隔の離散的な信号となるが、電圧（縦軸）は連続的な値である。そこで電圧（縦軸）についても離散的な信号に変換する。この操作を**量子化**（quantization）と呼ぶ。図 1.2（b）に（a）の音声信号を量子化した信号を赤線で示す。量子化する値の段階数（分解能）は装置により異なるが、図 1.2（b）では 8 段階に量子化した結果を示している。図 1.2（b）のように時間、振幅ともに離散的な信号がディジタル信号である。以上の標本化と量子化の処理を**アナログ・ディジタル変換**（**AD 変換**, AD conversion）と呼び、**アナログ・ディジタル変換器**（**AD 変換器**, AD converter）を用いて実現される。

ディジタル信号は、信号の振幅を離散的な値で近似しているため誤差を含んでいる。この誤差を**量子化誤差**（quantization error）と呼ぶ。図 1.2（a）のアナログ信号は時刻 t_1 において 3.5 V であるが、図 1.2（b）のディジタル信号では 3 V となり、0.5 V の誤差を含んでいる。量子化誤差は、AD 変換器の分解能を上げる（細かい階調で量子化する）ことで低減することができる。

図 1.2（b）の縦軸のように、ディジタル信号は **2 進数**（binary number）で表されることが多い。これは、2 進数が 1 と 0 からなっていることが、電圧の高低や電荷の有無などといった電子回路での表現に適するためである。このことについてもう少し説明する。AD 変換器から、時刻 0 から t_1 におけるディジタル信号として 010 が出力され、別のディジタル回路に入力されるとする。このとき、AD 変換器の出力やディジタル回路の入力では、この信号を図 1.2（b）のように 010 の大きさを持つ電圧で表現するわけではない。ディジタル回路が並列（パラレル）入力の場合、ディジタル回路は信号の桁数と等しい入力端子を有し、各桁の数値を対応する節点の電圧の有無で表す。この例では 3 桁の信号であるから、図 1.2（c）のように ABC の 3 節点を用いて 3 桁の入力信号を表す。ABC の各節点の電圧がしきい電圧（V_{Th}）より大きいときには 1、しきい電圧より小さいときには 0 とみなす。信号の各桁が下位から節点 ABC の電圧

*1　アナログ信号を標本化する際には、もとのアナログ信号に含まれる最大周波数の 2 倍以上の周波数で標本化する。この条件を満たすとき、標本化により得られた信号はもとのアナログ信号を完全に再現することができる（標本化定理）。

に対応しているとすると、010は、節点CとAの電圧が0（$< V_{Th}$）、節点Bの電圧が回路の電源の電圧（$> V_{Th}$）とすることで表現される。通常、しきい値は0Vと電源の電圧の中心付近の値である。またディジタル回路の出力は0は0V、1は電源の電圧とされる。このように選ぶことで、0と1の電圧差が最も大きくなるため、信号が雑音に強くなり回路構成も単純になる。ディジタル回路では、各節点に雑音がのった場合にも（時刻t_7以降）、節点の電圧がしきい値を超えない限り雑音の影響を受けないため、雑音に強いという特徴を有する。

ディジタル信号は雑音に対する耐性が高いこと以外にも、

- 記録や複製が比較的容易。もとの信号を正確に再現することができる。
- 通信や記録・再生時など、誤りが発生する場面で誤り検出と訂正が可能。
- 圧縮アルゴリズムを利用すると、データの大きさを削減可能。
- アナログ信号から変換可能であり、再びアナログ信号に戻すこともできる。

などの特徴がある。

2進数などの0および1で表されるデータを**バイナリデータ**（binary data）と呼び、その1桁を1**ビット**（bit）と呼ぶ。1ビットはディジタル信号の最小単位である。1ビットは2値しか表すことができないが、桁数を増やすことで複雑な情報を表現することができる。コンピュータでは、8ビットをディジタル信号の基本単位とし1**バイト**（byte）として扱う。1バイトは、$2^8 = 256$通りの異なる状態（0〜255の値）を表現できる。

1.2 ディジタル回路の仕組み

ディジタル回路は、入力されたディジタル信号を処理してディジタル信号を出力する回路である。入力信号および出力信号は、1ビットまたは複数ビットである。入出力信号が多ビットである場合には、各ビットに対して専用の入出力端子を用いる（パラレル）方式か、1個の入出力端子を用いて入力信号の各ビットを上位ビットから順に入力または出力する（シリアル）方式がとられる。

ディジタル回路の中身は、論理ゲートの組み合わせで実現される。論理ゲートとは、NOT（否定）、OR（論理和）、AND（論理積）などの論理演算を行う素子である。各論理ゲートはそれぞれに定められた規則を持ち、入力端子に加えられた 0 または 1 の信号に応じて規則に従った出力信号を生成する。NOT は、入力信号の 1 と 0 を反転して出力する。OR は複数の入力のいずれかが 1 であれば 1 を出力し、AND は複数の入力のすべてが 1 の場合にのみ 1 を出力する。ディジタル回路はこれらの論理ゲートを組み合わせて目的の機能を実現する。例として、自動販売機をディジタル回路で実現する場合を考える。この自動販売機の仕組みを、

1. 入力信号 A：料金が投入される
2. 入力信号 B：商品 1 の選択ボタンが押される
3. 入力信号 C：商品 2 の選択ボタンが押される
4. 出力 X：商品 1 の扉が開き商品 1 が取り出し口に落下する
5. 出力 Y：商品 2 の扉が開き商品 2 が取り出し口に落下する

とする。この自動販売機の制御をディジタル回路で実現してみよう。入力信号 A は貨幣識別機（センサ）が生成する。料金以上の金額が投入されると、センサが $A = 1$ を出力する。入力信号 B または C は、購入者が商品選択ボタンを押すことで対応する信号が 1 となる。料金が投入されてボタンが押されたときに対応する扉が開かなければならないから、入力信号 A と B がともに 1 のときに出力 X、入力信号 A と C がともに 1 のときに出力 Y が 1 となればよい。入力信号がともに 1 のときに 1 を出力する論理ゲートは AND であるから、出力 X は入力信号 A と入力信号 B の AND で実現できる。一方、出力 Y は入力信号 A と入力信号 C の AND で実現できる。このように、ディジタル回路はセンサなどと組み合わせることによって入力信号に応じた制御を実現できる。

論理ゲートはさまざまなディジタル回路で共通の素子が使えるため、ディジタル回路の設計では論理ゲートを基本素子とする。このためディジタル回路の設計では、論理ゲートを構成するトランジスタを意識することなく設計が可能である。しかし、設計した回路が意図しない動作をする際の問題を解決する場合や、より高性能な回路の設計が求められる場合には、論理ゲート内部のトランジスタの動作の知識が必要となる。

1.3　ディジタル回路で実現できる機能と応用

ディジタル回路は、論理演算のほかにも四則演算、信号処理、信号制御、信号の保持などを実現できる。これらの機能は、コンピュータ、通信機器、家電製品、産業機器、医療機器など、現代社会のあらゆる分野で活用されている。以下に、ディジタル回路が実現できる主な機能を紹介する。

ディジタル回路は論理演算によって、入力内容に応じて適切に出力する回路を実現できる。このような回路は、入力に応じて適切な動作を選択する制御に用いられている。

また、ディジタル回路は加算、減算、乗算、除算といった算術演算を行うことができる。ディジタル回路に入力された数値データに算術演算を施せば、計算結果を出力することもできる。これを用いているのがコンピュータの**CPU**（Central Processing Unit）である。

さらに、ディジタル回路を用いると、データの符号化と復号化、データの圧縮や伸長などの信号処理も行うことができる。また、誤り訂正やデータの配送先の選択なども実現できる。これらの機能は、インターネットや電話通信、無線通信などで用いられている。

ディジタル回路は、フリップフロップ、レジスタなどを用いてデータを一時的に保持することもできる。処理結果を保存して次の処理に使用すれば、複雑な信号処理を高速に実現することが可能となる。

1.4　代表的なディジタル回路とその分類

先に述べたディジタル回路の機能や応用の多くは、表 1.1 に示す代表的なディジタル回路の組み合わせで実現される。表 1.1 にはこれらの回路の機能も記載している。これらの回路はそれぞれ異なる機能を有するが、大きく「組み合わせ回路」と「順序回路」の 2 種類に分類することができる。

組み合わせ回路とは、出力が現在の入力のみで決まる回路である。組み合わせ回路の一例として、算術演算回路の一種である加算回路を考える。加算回路は現在の入力信号の和を出力する回路である。加算の結果は現在の入力信号のみで定まり、過去の演算の結果には依存しない。このため、加算回路は組み合

表 1.1　代表的なディジタル回路

名称	機能	分類
算術演算回路	四則演算を行う	組み合わせ回路
論理演算回路	論理演算を行う	組み合わせ回路
マルチプレクサ	複数の入力から一つの入力を選択して出力する	組み合わせ回路
デマルチプレクサ	入力信号を複数の出力端子から一つ選択して出力する	組み合わせ回路
エンコーダ	入力信号を符号化する	組み合わせ回路
デコーダ	符号化された入力信号をもとの信号に戻す	組み合わせ回路
コンパレータ	入力信号の大小比較や一致を判定する	組み合わせ回路
エラー検出回路	信号の誤りを検出する	組み合わせ回路
カウンタ	入力されるパルスを数える	順序回路
レジスタ	入力信号を保持する	順序回路

わせ回路である。

一方、出力が「入力」に加えて「回路の状態」に依存する回路を順序回路と呼ぶ。パルス状の入力信号のパルス数を計数するカウンタは代表的な順序回路である。カウンタは、入力信号が加わるたびに直前の出力に 1 を加えた数を出力する。したがってカウンタは、出力が 2 である状態から入力信号が加えられたときは 3 を出力するが、出力が 8 である状態で入力が加えられたときは 9 を出力する。このようにカウンタは、同じ入力信号を加えても直前の回路の状態に応じて出力が異なる。順序回路の実現には、フリップフロップと呼ばれる現在の状態を保持することができる素子が用いられる。

1.5　ディジタル回路の設計

組み合わせ回路と順序回路はいずれも論理ゲートの組み合わせで実現される。しかし、その設計方法は少し異なる。順序回路は外部からの入力に加えて現在の状態に応じて出力が定まるため、設計は複雑になる。順序回路の内部には組み合わせ回路が含まれるため、組み合わせ回路の設計が基本になる。

組み合わせ回路の設計を行うためには、まず設計したい回路の機能を正しく表現する手法を学ぶ必要がある。これにはブール代数と呼ばれる数学の知識が用いられる。ブール代数とは、NOT、OR、AND などの論理演算を数学的に扱う代数学の一種で、主に 0 と 1 の 2 値（真理値）を用いる。ディジタル回路の機能はブール代数を用いて数式で表される。この数式を論理関数と呼ぶ。論理関数中で用いられる演算は論理ゲートに対応する。このため、論理関数で表されたディジタル回路は論理ゲートの組み合わせとして機械的に実現することができる。しかし、目的の論理関数をそのまま回路として実現すると、回路の一部に重複などの無駄が含まれる場合がある。回路の規模を削減することは、消費電力や動作速度の観点から望ましい。そこで、論理関数の簡単化を行う。論理関数の簡単化とは、もとの論理関数の意味を変えず、少ない数の論理演算を含む関数に変換することである。簡単化により、同等の機能を少ない数の論理ゲートで実現できる。論理関数の簡単化の手法には、人間が直感的に理解しやすい方法やプログラミングに適した方法が知られている。

また、順序回路の設計では、「状態」という考え方を導入する。組み合わせ回路の出力は入力のみで定まるが、順序回路では出力は入力と状態に応じて定まる。そこで順序回路の設計では、現在の出力のほか、「次の状態に遷移するために必要となる信号」の設計を行う。

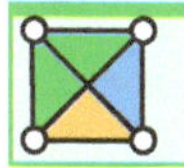

章末問題

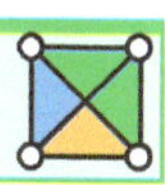

1.1 アナログ信号とディジタル信号の違いを説明せよ。

1.2 ディジタル信号がアナログ信号に比べて優れている点を説明せよ。

1.3 8 ビットのバイナリデータが表すことができる状態の数を答えよ。

1.4 ディジタル信号は論理ゲートの組み合わせで実現できる。代表的な論理ゲートを 3 つ挙げ、その機能を説明せよ。

1.5 ディジタル回路が実現できる主な機能を 4 つ挙げよ。

1.6 代表的なディジタル回路を 3 種類挙げ、その回路が組み合わせ回路と順序回路のいずれであるか分類せよ。

ディジタル回路が変える現代社会

私たちの生活は、ディジタル回路の進化にともなって劇的に変化してきた。ディジタル回路がなければ現在のテクノロジーは存在しえない。ここでは、ディジタル回路の存在によって進化した代表的な分野を紹介する。

情報通信分野

ディジタル回路がもたらした最大の革命の一つは情報通信技術だろう。スマートフォン、インターネット、クラウドコンピューティングなど、私たちが日常的に用いている技術は、ディジタル回路が基盤にある。例えば、スマートフォンのプロセッサは数十億ものトランジスタで構成され、それぞれがディジタル回路を形成している。この技術があるからこそ、私たちは瞬時に世界中とつながることができる。

医療分野

医療分野もディジタル回路によって大きく進歩した。CT スキャンや MRI といった診断機器は、患者の内部状態を高解像度で画像化する技術であるが、ここにはディジタル回路を用いたディジタル信号処理が活用されている。今後も遠隔医療やウェアラブルデバイスを用いた身体信号の常時モニタリングなど、一層の発展が期待されている。もちろんこれらはディジタル回路なしには実現できない。

自動車産業分野

現代の自動車は多数のコンピュータによって制御されている。例えばエンジン制御、ブレーキアシスト、衝突軽減といった車両の安全機能は、車内に組み込まれたディジタル回路がリアルタイムでデータを処理し、車両の現在の状況を把握して制御することで実現されている。今後の自動運転技術の開発にも、膨大なセンサデータを処理し、判断を行うためのディジタル回路が不可欠となる。

さまざまな分野で活用されるディジタル回路を理解することは、未来の課題解決の道を切り開く鍵となる。ディジタル回路の理解により、社会を支えるテクノロジーの裏側を知り、新たな技術革新に挑むことができるだろう。

第2章 信号の表現

本章では、ディジタル回路やコンピュータ上でディジタル信号を表す方法について述べる。ディジタル回路で一般的に用いられる2進数の四則演算や符号（コード）、パリティビットを用いたエラー検出についても説明する。

本章のポイント

- ディジタル回路では数値の表現に2進数が用いられることが多い。2進数は8進数や16進数と容易に変換が可能である。
- 2進数の減算は2の補数を用いることで、ビット反転と加算で実現できる。
- 2進数の乗算は左シフトと加算で実現できる。
- グレイコードやBCD符号など2進数以外の方法で数値が表現されることもある。
- パリティを用いることで通信や保存時のエラーの検出または訂正を行うことができる。

2.1 数値の表現

私たちの日常生活では**10進数**（decimal number）が広く用いられる。10進数とは、0から9までの10種類の数字を用いて数を表す方法である。数値の表し方を理解するため、まず10進数の表し方を整理しよう。10進数では0から9までの数字を用いるため、9以上の数値は1桁の数字では表現できない。そのため、10 進数の 10 を表記するためには、下から 2 番目の桁（10 の位）に 1 を表示し、最下位の位を再び 0 に戻して 10 と表現する。このように上位の桁に 1 を加えることを**桁上げ**と呼ぶ。今後は、数値 N が n 進数で表されていることを明示したい場合には $(N)_n$ と表す。10 進数で表された数値の下位から n 桁目の数は、その数値に 10^{n-1} がいくつ含まれるかを表している。例えば $(171)_{10}$ は、

$$(171)_{10} = 10^2 \times 1 + 10^1 \times 7 + 10^0 \times 1 \tag{2.1}$$

であり、$(171)_{10}$ には 10^2 が 1 個、10^1 が 7 個、10^0 が 1 個含まれることを表している。

各節点の電圧が、一定のしきい値以下の場合を 0、しきい値を超える場合を 1 として扱うディジタル回路では、0 と 1 の 2 種類の数字が用いられる。このため、0 と 1 の 2 種類の数字のみを用いて数値を表す 2 進数はディジタル回路に適する。2 進数では 0 と 1 により数値を表すため、$(2)_{10}$ を 1 桁で表すことができない。$(1)_2$ に 1 を加えた数 $(2)_{10}$ を表すためには $(10)_{10}$ の場合と同様に桁上げを行い、2 桁で表現する。最下位から 2 番目の桁 (2 の位) に 1 を加え、1 の位は再び 0 に戻すため $(10)_2$ となる。10 進数で表した各数と 2 進数で表した各数の対応を表 2.1 に示す。2 進数の場合も 10 進数の場合と同様に、2 進数で表された数値の n 桁の数はその数値に 2^{n-1} がいくつ含まれるかを表している。例えば $(10101011)_2 = (171)_{10}$ は、

$$\begin{aligned}(10101011)_2 &= 2^7 \times 1 + 2^6 \times 0 + 2^5 \times 1 + 2^4 \times 0 \\ &\quad +2^3 \times 1 + 2^2 \times 0 + 2^1 \times 1 + 2^0 \times 1\end{aligned} \tag{2.2}$$

であり、$(10101011)_2$ には 2^7、2^5、2^3、2^1、2^0 がそれぞれ 1 個ずつ含まれることを表している。2 進数の桁数はビット数と呼ばれ、N ビットの 2 進数は 0 から $2^N - 1$ までの数値を表現することができる。また、最下位桁は **LSB**（Least Significant Bit）、最上位桁は **MSB**（Most Significant Bit）と呼ばれる。

10 進数から 2 進数への変換は、図 2.1 のように、対象とする数（図 2.1 では 171）を 2 で割る作業を繰り返し、各除算での余りを LSB から順に並べることで実現される。$(171)_{10}$ を 2 で割ると答えは 85 となり、余りは 1 となる。そのため、$(171)_{10}$ を 2 進数で表した際の LSB は 1 となる。次に、85 を 2 で割ると 42 余り 1 となる。次に、さらに 42 を 2 で割ると 21 余り 0 となる。このよ

表 2.1　10 進数と 2 進数・8 進数・16 進数の対応

10 進数	2 進数	8 進数	16 進数
0	0	0	0
1	1	1	1
2	10	2	2
3	11	3	3
4	100	4	4
5	101	5	5
6	110	6	6
7	111	7	7
8	1000	10	8
9	1001	11	9
10	1010	12	A
11	1011	13	B
12	1100	14	C
13	1101	15	D
14	1110	16	E
15	1111	17	F
16	10000	20	10

うに 2 による除算を答えが 0 となるまで繰り返し、得られた余りを LSB から上位に向かって順に並べることで 2 進数 $(10101011)_2$ が得られる。

2 進数は 2^n $(n = 1, 2, \cdots)$ ごとに桁上げが生ずるため、同一の数を表す場合 10 進数に比べて多くの桁数が必要になる。そこでコンピュータの中では、2 進数の 3 桁を 1 桁として扱う 8 進数や、4 桁を 1 桁として扱う 16 進数が用いられる。8 進数および 16 進数で表した各数も表 2.1 に示す。8 進数は 0 から 7 を、16 進数は 0 から 9 と A から F を用いて数値を表す。2 進数から 8 進数および 16 進数への変換は、図 2.2 に示すように、2 進数を 3 桁および 4 桁ごとに区切り、各まとまりを 8 進数および 16 進数に変換することで実現される。8 進数および 16 進数から 2 進数への変換は、8 進数および 16 進数の各桁を 2 進数に変換し、結合することで実現される。8 進数および 16 進数と 2 進数は相互の変換が容易であるため、主にコンピュータ上のソフトウェアで広く用いられる。

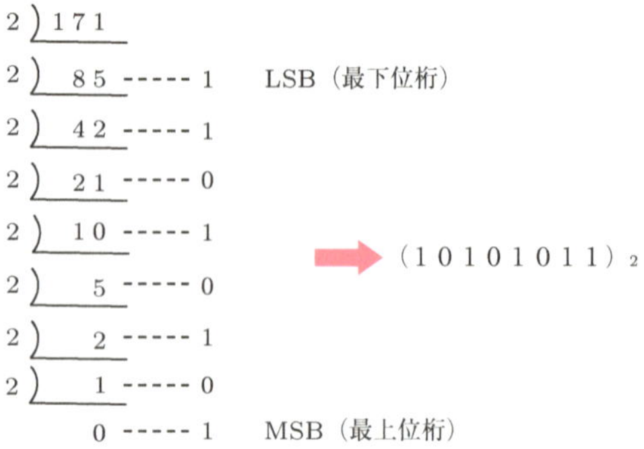

2) 171
2) 85 ----- 1　LSB（最下位桁）
2) 42 ----- 1
2) 21 ----- 0
2) 10 ----- 1
2) 5 ----- 0
2) 2 ----- 1
2) 1 ----- 0
0 ----- 1　MSB（最上位桁）
(10101011)2

図 2.1　10 進数で表された数から 2 進数を求める方法

0 1 0 1 0 1 1 0 0　2進数
2　5　4　8進数
(a)
1 0 1 0 1 1 0 0　2進数
A　C　16進数
(b)

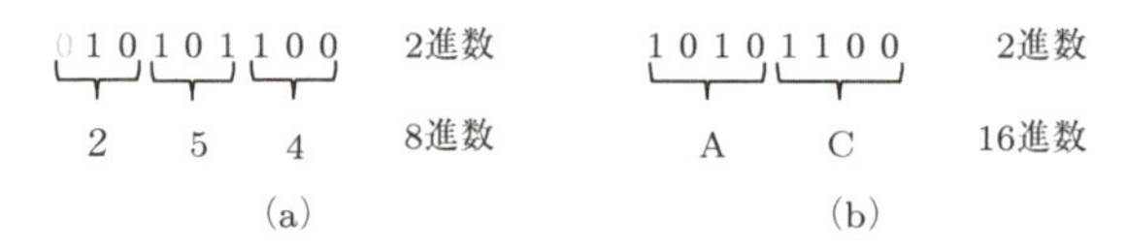

図 2.2　(a)　2 進数から 8 進数への変換（b）　2 進数から 16 進数への変換

例題 2.1

$(38)_{10}$ を 2 進数および 16 進数に変換せよ。

解答

まず、38 を 2 進数に変換する。

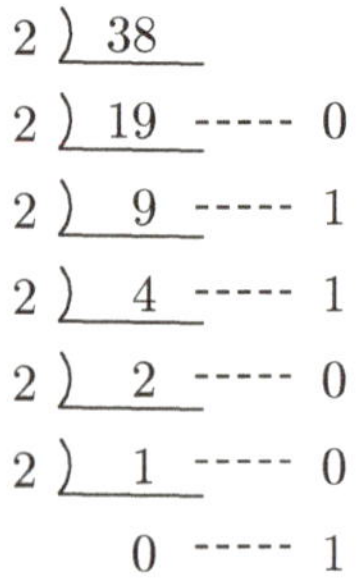

2) 38
2) 19 ----- 0
2) 9 ----- 1
2) 4 ----- 1
2) 2 ----- 0
2) 1 ----- 0
0 ----- 1

38 を 2 で割り、生ずる余りを LSB から順に並べることで $(100110)_2$ を得る。

2 進数から 16 進数への変換は、$(0010\ 0110)_2$ を下位から 4 桁ずつ区切って 16 進数に変換することで $(26)_{16}$ を得る。

2.2 2 進数の四則演算

ディジタル回路で 2 進数が用いられる別の理由に、四則演算が加算と簡単な操作で実現可能となることがある。本節では 2 進数の四則演算の仕方を学ぶ。

2.2.1 2 進数の加算

図 2.3 に 2 進数の加算を示す。2 進数であっても 10 進数と同様の考え方で加算ができる。ここでは例として $(5)_{10}$ と $(4)_{10}$ の加算を考える。答えは明らかに $(9)_{10}$ であるが、2 進数では $(0101)_2$ と $(0100)_2$ の加算として考える。最下位桁から順に 1 桁の加算を行い、桁上げがある場合には上位の桁の加算の結果に桁上げにより生じた 1 を加えればよい。最下位から 3 桁目（$2^2 = 4$ の桁）では 1 と 1 が足されるため、4 桁目（$2^3 = 8$ の桁）では 0 と 0 の加算結果に桁上げの 1 を加える。結果として $(1001)_2$ が得られる。

10進数の加算	2進数の加算
	桁上げ
5	0 1 0 1
+ 4	+ 0 1 0 0
9	1 0 0 1

図 2.3　10 進数と 2 進数における加算の比較

例題 2.2

次の 2 進数の加算をせよ。

$$10011010 + 01001101$$

解答

$$
\begin{array}{rr}
 & 10011010 \\
+ & 01001101 \\
\hline
 & 11100111
\end{array}
$$

2.2.2 2 進数の減算

2 進数においても 10 進数と同様の考え方で減算を行うことも可能である。しかし、ディジタル回路では**補数**（complement）を用いて減算を行うことが多い。補数を用いることで減算を加算のみで実現することが可能となる。補数の考え方を理解するため、10 進数において補数を用いた減算を行う例を考える。例として $5-3=2$ を考える。$5-3=2$ はまず $10-3=7$ を求め、この数を 5 に加算してから 10 を減ずることでも得ることができる。

$$
\begin{aligned}
5-3 &= 5+(10-3)-10 \\
&= 5+7-10 \\
&= 12-10 \\
&= 2
\end{aligned}
\tag{2.3}
$$

ここで用いた 7 が補数である。補数を用いることで 3 の減算が補数の加算と 10 の減算に変換される。最後に行っている 10 の減算は最上位桁（この例では 2 桁目）の 1 を無視することに相当するため、実際には減算を行う必要はない。減算を最上位の桁の無視で実現するために最上位桁のみに 1 があり、それ以外の桁が 0 の数である数（上記の例では 10）を補数を作成する際に用いる。

先の例では補数を求める際に $10-3$ のように減算を行っているが、2 進数の場合には補数の導出においても減算処理が不要となる。このことを $5-2$ の計算を 2 進数で行い確認する。$5-2$ は 2 進数では $(101)_2-(010)_2$ となる。引かれる数が 3 桁であるため、補数の導出には 4 桁目のみに 1 がある $(1000)_2$ を用いて $(1000)_2-(0010)_2$ とすればよい。$(1000)_2=(111)_2+(001)_2$ であるから、$(010)_2$ の補数は $(111)_2-(010)_2+(001)_2$ となる。ここで、$(111)_2-(010)_2=(101)_2$

の部分は $(010)_2$ の各ビットの 0 と 1 を入れ替える操作と等しい。そのため 2 進数において補数は各ビットの 0 と 1 を入れ替える操作（この操作を**ビット反転**または単に**反転**と呼ぶ）して得られた数に 1 を加算することで得られる。2 進数で表された数の各ビットを反転させた数を 1 の補数と呼び、1 の補数に 1 を加えた数を 2 の補数と呼ぶ。減算には 2 の補数を用いる*1。

2 の補数を用いると $(101)_2 - (010)_2$ の計算は

$$\begin{aligned}(101)_2 - (010)_2 &= (101)_2 + \underline{(101)_2 + (001)_2} - (1000)_2 \\ &= (011)_2 \end{aligned} \tag{2.4}$$

となる。ここで下線の部分が 2 の補数である。

以上のように 2 進数の減算は、まず引く数の各桁の数を反転し 1 を加えて 2 の補数に変換し、引かれる数に加えることにより実現できる。得られた数値の最上位ビットを無視することで最終的な減算結果となる。2 進数では減算回路はビット反転と加算で実現できるため、加算と減算は共通の回路で実現することができる。

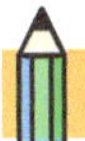

例題 2.3

次の 2 進数の減算を 2 の補数を用いて行え。

$$10011010 - 01001101$$

解答

01001101 をビット反転すると 10110010 となるから、

$$\begin{array}{rr} & 10011010 \\ & 10110010 \\ + & 00000001 \\ \hline & 101001101 \end{array}$$

*1 「補数」とは「ある数」を「基準となる数」に到達させるために補う必要のある数を意味する。1 の補数とは各桁の値をすべて 1 とするために必要な補数である。これに対して 2 の補数は、もとの数を 2 の累乗 (2^n) とするために必要な補数である。

MSB の 1 を無視することで $(01001101)_2$ を得る。

2.2.3 2 進数の乗算

2 進数の乗算も、10 進数の場合と同様の考え方で行うことができる。ただし、2 進数では用いる数字が 0 と 1 に限定されるため、その計算は左シフトと加算となる。

2 進数における乗算の理解を助けるため、まず 10 進数の掛け算を考える。ただし、掛ける数は 0 と 1 のみで表現される数として $(23)_{10} \times (101)_{10}$ を考える。

$$\begin{aligned}(23)_{10} \times (101)_{10} &= (23)_{10} \times (100)_{10} + (23)_{10} \times (1)_{10} \\ &= (2300)_{10} + (23)_{10} \\ &= (2323)_{10}\end{aligned} \tag{2.5}$$

であるから、$(23)_{10}$ に $(101)_{10}$ を掛ける操作は $(23)_{10}$ に $(100)_{10}$ を掛けることにより得られる $(2300)_{10}$ と、$(23)_{10}$ に $(1)_{10}$ を掛けることにより得られる $(23)_{10}$ との和を求める操作となる。ここで $(23)_{10} \times (100)_{10}$ は $(23)_{10}$ を 2 桁左シフトすることで得られる。左シフトした結果生ずる下 2 桁には 0 を入れる。このように、ある数に 0 と 1 のみで表現される数を掛け算する操作はもとの数の左シフトと加算で表現できる。2 進数ではもともと 0 と 1 しか存在しないため、2 進数の掛け算は左シフトと加算で実現できる。2 進数の乗算の例として $(00101)_2 = (5)_{10}$ と $(00110)_2 = (6)_{10}$ の積を求める場合を考える。

$$\begin{aligned}(00101)_2 \times (00110)_2 &= (00101)_2 \times (00100)_2 + (00101)_2 \times (00010)_2 \\ &= (10100)_2 + (01010)_2 \\ &= (11110)_2\end{aligned} \tag{2.6}$$

であるから、$(00101)_2$ と $(00110)_2$ の積は $(00101)_2$ を 2 桁左シフトした結果と、$(00101)_2$ を 1 桁左シフトした結果の足し算で求めることができる。左シフトした際に最上位桁からあふれる数に 1 が含まれるとき、計算結果は誤りとなる。この現象を**オーバーフロー**（あふれ, overflow）と呼ぶ。オーバーフローを避けるためには、より多い桁数を用いて計算すればよい。

例題 2.4

次の 2 進数の乗算を行え。

$$00010001 \times 00001011$$

解答

$$
\begin{array}{rll}
 & 00010001 & \\
\times & 1011 & \\
\hline
 & 00010001 & \\
 & 00100010 & \leftarrow 1\text{ ビット左シフト} \\
+ & 10001000 & \leftarrow 3\text{ ビット左シフト} \\
\hline
 & 10111011 &
\end{array}
$$

2.2.4　2 進数の除算

除算は、「割られる数」の中に「割る数」が何個含まれるかを求める演算である。割り算では「割られる数」から「割る数」を減算する操作を何回できるか求める。例として、$(11110)_2 = (30)_{10}$ を $(00110)_2 = (6)_{10}$ で割る場合を考える。$(11110)_2$ から $(00110)_2$ を何回引き算することができるかを考えればよい。この場合は

$$(11110)_2 - (00110)_2 = (11000)_2 : 1\text{ 回目}$$
$$(11000)_2 - (00110)_2 = (10010)_2 : 2\text{ 回目}$$
$$(10010)_2 - (00110)_2 = (01100)_2 : 3\text{ 回目}$$
$$(01100)_2 - (00110)_2 = (00110)_2 : 4\text{ 回目}$$
$$(00110)_2 - (00110)_2 = (00000)_2 : 5\text{ 回目}$$

となるから、$(5)_{10} = (00101)_2$ が答えとなる。

計算の効率を改善するため、$(00110)_2$ の引き算の代わりに $(00110)_2$ を $(2^{n_1})_{10}$

倍した数を引き算する。これは引き算を $(2^{n_1})_{10}$ 回行ったことに相当する。この操作は $(00110)_2$ を左に n_1 桁シフトした数の引き算で実現できる。このときシフトする桁数 n_1 は解が負とならない最大の数を選ぶ。この例では $(00110)_2$ を 2 桁左シフトした数値である $(11000)_2$ を $(11110)_2$ から減算する。

$$(11110)_2 - (11000)_2 = (00110)_2 : 2^2 \text{回目} \tag{2.7}$$

次に、得られた引き算の結果に対しても同様に $(00110)_2$ を $(2^{n_2})_{10}$ 倍した数を引き算する。以上の計算を引き算の結果が $(00110)_2$ 以下となるまで繰り返す。

$$(00110)_2 - (00110)_2 = (00000)_2 : 2^2 + 2^0 = 5 \text{ 回目} \tag{2.8}$$

割り算の答え A は、減算を m 回行い、各減算において引く数を左シフトした桁数を n_i とすると

$$A = \sum_{i=1}^{m} 2^{n_i} \tag{2.9}$$

となる。なお、最後の引き算の結果が余りとなる。

2.3 符号化

信号やデータを一定の規則に従って変換することを**符号化**（encoding）と呼ぶ。符号化により、データを記録や通信などに適した表現とすることができる。10 進数を 2 進数に変換することも符号化の一種といえる。ここではグレイコードと BCD 符号の 2 種類の符号を紹介する。

2.3.1 グレイコード

2 進数では、$(0111)_2 = (7)_{10}$ に 1 が足され $(1000)_2 = (8)_{10}$ となる場合のように、桁上げが生ずる際に多くのビットで値が反転する。全ビットの反転するタイミングが同時であれば、出力は $(0111)_2 = (7)_{10}$ から $(1000)_2 = (8)_{10}$ に変化する。しかし、最上位ビットの反転がほかのビットの変化より遅い場合、$(0111)_2 = (7)_{10}$ から、$(0000)_2 = (0)_{10}$ を経てから $(1000)_2 = (8)_{10}$ となり、過渡的に誤った値を示すことになる。この問題を生じない数値の表し方が**グレ**

表 2.2　2 進数とグレイコード

10 進数	2 進数	グレイコード
0	0000	0000
1	0001	0001
2	0010	0011
3	0011	0010
4	0100	0110
5	0101	0111
6	0110	0101
7	0111	0100
8	1000	1100
9	1001	1101
10	1010	1111
11	1011	1110
12	1100	1010
13	1101	1011
14	1110	1001
15	1111	1000

イコード（Gray code）である。グレイコードでは、連続する 2 数は 1 ビットのみ異なるように定められる。ある数から連続する数に変化する際に反転するビットは 1 ビットのみであるので、遷移の過渡状態においても遷移前後の 2 数以外の数が出力されることがない。各数のグレイコードでの表し方を表 2.2 に示す。

2.3.2 BCD 符号

10 進数で表された数値の各桁を 4 ビットの 2 進数で表す表記方法を **BCD 符号**（Binary-Coded Decimal code, または **2 進化 10 進数**）と呼ぶ。例として 10 進数の 29 は、BCD 符号では $(0010\ 1001)_{\mathrm{BCD}}$ となる。BCD 符号は各桁を独立して扱うため、7 セグメントディスプレイなどに数値を表示する際に用いられる。また、BCD 符号で表した数を 2 進数であるとみなして 16 進数に変換すると、もとの BCD 符号が表していた 10 進数と同じ数字となる。例えば、$(00101001)_{\mathrm{BCD}}$ を $(00101001)_2$ とみなして 16 進数に変換すると、$(29)_{16}$ となる。29 はもとの $(00101001)_{\mathrm{BCD}}$ が表していた $(29)_{10}$ と等しい。このため、2

進数を 16 進数に変換して表す表示デバイスに BCD 符号を入力すると、10 進数の値が表示される。8 ビットの 2 進数は $(0)_{10}$ から $(255)_{10}$ を表すことができるのに対して、BCD 符号では $(0)_{10}$ から $(99)_{10}$ に制限されるためレジスタの利用効率は悪い。

2.4　エラー検出とエラー訂正

バイナリデータを記録媒体に読み書きしたり、離れた地点に伝送する際には、データの各ビットの値に誤りが生ずることがある。あるビットの値を誤ることを**ビットエラー**（bit error）と呼ぶ。データ内に含まれるビットエラーを検出する方法として、データにエラー検出用の**パリティビット**（parity bit）を付与する方法がある。

0010100 のデータに対して、含まれる 1 の数が奇数となるように 1 ビットを付与して 0010100“1” とする。ここではパリティビットは最下位ビットに加えるとする。含まれる 1 の数が奇数となるようにパリティビットを加える方式を**奇数パリティ**（odd parity）と呼び、1 の数が偶数となるようにパリティビットを加える方式を**偶数パリティ**（even parity）と呼ぶ。データを受信した際にデータ含まれる 1 の数を数え、奇数パリティを用いているにもかかわらず 1 の数が奇数でない場合にはデータに誤りが含まれていることがわかる。その場合にはそのデータを破棄して再度同じデータを入手する。パリティビットを用いたエラー検出は最も簡単な方法でエラー検出が可能である。しかし、ビットエラーが 2 ビット以上で生じた場合には検出することができない欠点がある。またエラー検出は可能であるが、誤りが生じているビットを特定することはできないためエラー訂正はできない。

各データに奇数パリティまたは偶数パリティを加えるエラー検出に加えて、複数のデータの各ビットごとにパリティビットを付加することでエラー訂正が可能となる。このエラー訂正の方式をパリティビットの加え方から**水平垂直パリティ**と呼ぶ。図 2.4 を用いて水平垂直パリティ方式の説明をする。ここでは、データとして 0010100 と 1100010 と 0011010 の各データを伝送する場合を考える。各データに奇数パリティを最下位ビットに加えると送受信するデータはそれぞれ 00101001 と 11000100 と 00110100 となる。これらを縦に並べて記

	水平パリティ
データ1　0010100	1
データ2　1100010	0
データ3　0011010	0
垂直パリティ　0010011	0

図 2.4　水平垂直パリティ

載したものが図 2.4 である。各ビットの 1 の数が奇数となるように定めたデータが図 2.4 の 4 行目の垂直パリティである。送信時はこの 1 行目から 3 行目のパリティビット付きデータに加えて 4 行目の垂直パリティも送信する。受信側では、受信データに含まれる 1 の数を数え、エラーが含まれるデータを検出する。続いて各ビット位置の 1 の数を数えエラーが含まれるビット位置を検出する。水平方向と垂直方向の 2 種類のエラー検出をすることでエラーが含まれるデータとそのビット位置を検出することができるためエラー訂正が可能となる。ただし、訂正可能なエラーの数は同一の列および行に 1 個までに限られる。

例題 2.5

次のバイナリデータの LSB に偶数パリティを付与せよ。

(1) 1100101

(2) 0010011

(3) 1011101

解答

各データに含まれる 1 の数が偶数となるように 1 または 0 を最下位ビットに加えればよいため、

(1) 11001010

(2) 00100111

(3) 10111011

となる。

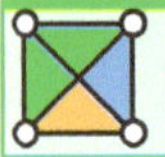

章末問題

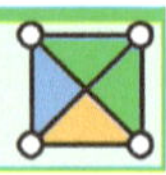

2.1 10 進数の 240 を 2 進数、8 進数、16 進数に変換せよ。

2.2 $(010101100111)_2$ を 10 進数に変換せよ。

2.3 次の 2 進数を 2 の補数に変換せよ。

(1) $(11010110)_2$　(2) $(1110)_2$　(3) $(10001110)_2$

2.4 次の 2 進数をグレイコードと BCD 符号に変換せよ。

(1) $(11010110)_2$　(2) $(01000001)_2$　(3) $(10001110)_2$

2.5 次の 2 進数の最下位ビットに偶数パリティを追加せよ。

(1) $(1010110)_2$　(2) $(0100100)_2$　(3) $(1011000)_2$

バーコードと QR コード

符号化の活用例にバーコードがある。日本国内では JPN コード（世界共通コードである EAN コード準拠）が用いられている。

図 2.5 に JAN コードのバーコードを示す。バーコードには、下部が少し長い線が左右端（ガードバー）と中央（センターバー）に存在し、それ以外の 24 本の黒い縦線（バー、1 を意味する）と白い間隔（スペース、0 を意味する）の組み合わせで情報を表現している。バーコードはバーコードの下に表示された 13 桁の数字を表し、この数字が国コード（日本は 49 または 45）、企業コード、商品コードを意味している。最後の 1 桁はチェックディジット（パリティビット）であり、読み取りエラーの検出を可能にしている。

バーコードには、12 桁の数字がバーとスペースで記録されている。それにもかかわらず、バーコードからは 13 桁の情報（国コード 2 桁、企業コード 5 桁、商品コード 5 桁、チェックディジット 1 桁）を読み出すことができる。また、バーコードは上下逆にスキャナにかざしても正しく読み取ることができる。これらは、バーコードがデータを単なる 2 進数ではなく、独自のコードで記録しているために実現できる。バーコードの左側データの 6 桁の数字は、それぞれが奇数パリティ（A）または偶数パリティ（B）のいずれかのコードで表されている。この 6 桁の A または B の組み合わせで、13 桁のデータのうち先頭の数字（日本企業の場合 4）を表している。例えば左側データのコードが ABAABB の順番に使

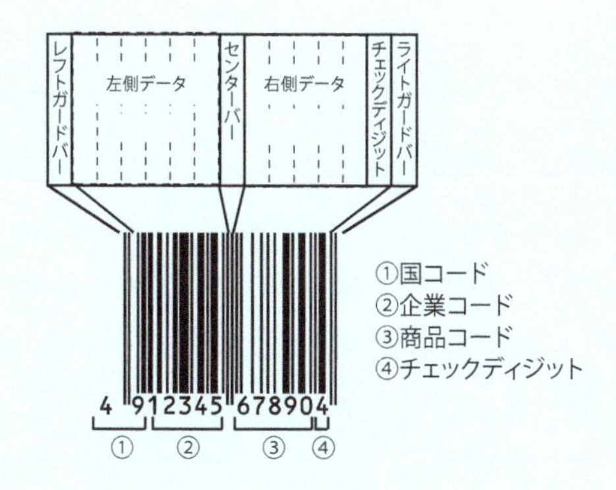

図 2.5　バーコード

用されている場合、最上位の桁が 4 であることを意味する。これにより、12 桁しか記録することのできないバーコードで 13 桁のデータが記録できる。また、右側データには偶数パリティのみが使用されるが、偶数パリティを逆から読んだコードは奇数パリティのいずれの数字を表すコードとも一致しないように設定されている。左側データの先頭は必ず奇数パリティで表した数字を用いるため、バーコードを逆に読み取った場合に先頭の数字を正しく読み取ることができない。このとき、読み取り装置は改めて逆から読み取ることで正しいデータを得る。

このバーコードを発展させて、より少ない面積に多くの情報を記録できるようにした記録方式が QR コードである。QR コードは、小さな黒い四角が「1」、白い四角が「0」を表し、それらを 2 次元に配置することで、バーコードと比べてはるかに多くの情報を記録している。アルファベットと数字を最大 4,296 文字まで記録でき、エラー訂正機能（リードソロモン符号）により、コードの一部が汚れたり破損したりしても情報を復元可能である。さらに「位置検出パターン」と呼ばれる 3 つの大きな四角を配置することにより、どの方向からでも読み込むことができる。QR コードは流通管理だけでなく、電子決済や航空券や電車の乗車券などその応用範囲を広げている。これも符号化の成果である。

第3章 ブール代数

ディジタル回路の機能は**ブール代数**（boolean algebra）に基づく数式として表現される。ブール代数は、1850年代にイギリスの数学者George Boolにより考案された、真と偽だけ（1と0だけ）を対象とした代数である。1または0を用いるディジタル回路とブール代数は相性がよいため、ブール代数はディジタル回路の設計に活用される。

本章のポイント

- ディジタル回路の機能は論理関数で表される。
- 論理関数は「論理否定（NOT）」、「論理和（OR）」、「論理積（AND）」などの論理演算で表現される。
- 論理演算には演算順序、結合則、分配則などの各種法則がある。
- ド・モルガンの定理を用いることで論理和で表された論理関数を論理積を用いた論理関数に変換することができる。

3.1 基本的な論理演算

ブール代数では、通常の代数で用いられる四則演算の代わりに「論理否定（NOT）」、「論理和（OR）」、「論理積（AND）」などの論理演算が用いられる。またブール代数では、通常の代数における数値に対応する**真**（true）と**偽**（false）の2値のブール値を用いる。「真（true）」は通常「1」、「偽（false）」は通常「0」として扱われる。本節ではブール代数で用いられる論理演算について説明する。

3.1.1 論理否定（NOT）

最も基本的な論理演算が**論理否定**（NOT）である。論理否定は単に否定と呼ばれることもある。NOT は 1 入力、1 出力の演算であり、入力の論理を反転する演算である。入力に真 (1) が入力されると偽 (0) が出力され、入力に偽 (0) が入力されると真 (1) が出力される。

論理演算の入力変数と演算結果の関係は表 3.1 に示す**真理値表**（truth table）で表される。真理値表には、すべての入力の組み合わせに対する出力変数の値が記載される。複数の出力を 1 個の真理値表に記載してもよい。入力変数の並び方に規則はない。

表 3.1　論理否定 ($\overline{A}$) の真理値表

A	$\overline{A}$
0	1
1	0

NOT の論理式は、出力変数が X のとき

$$X = \overline{A} \tag{3.1}$$

と書く[*1]。

論理式を視覚的に表す方法に**ベン図**（Venn diagram）がある。ベン図は入力の組み合わせを図形（領域）として表現する。各入力を円などの領域として表し、その内部を対応する変数が 1 の領域とする。すべての入力の組み合わせの中で出力が 1 となる領域に色付けなどをすることで目的の論理式を表現する。

図 3.1 に $X = A$ と $X = \overline{A}$ のベン図を示す。いずれの図においても入力変数 A を円で表現しており、円の内側が A が 1 となる領域である。図 3.1（a）は $X = A$ であるから、円の内部が $X = 1$ となる領域である。一方、図 3.1（b）は $X = \overline{A}$ であるから、円の外側が $X = 1$ となる領域である。

ベン図を用いると、論理関数の意味を視覚的に理解することができる。しかし、入力変数が増えると作図は困難となり、直感的な理解も難しくなる欠点がある。

*1　この論理式は「X は A の否定」「X イコール A バー」などと読まれる。

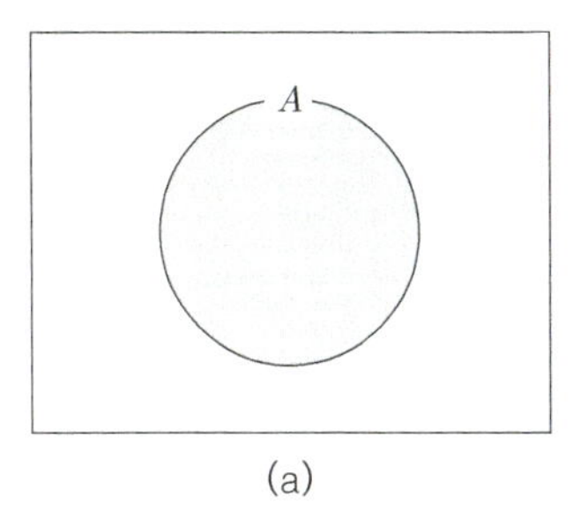

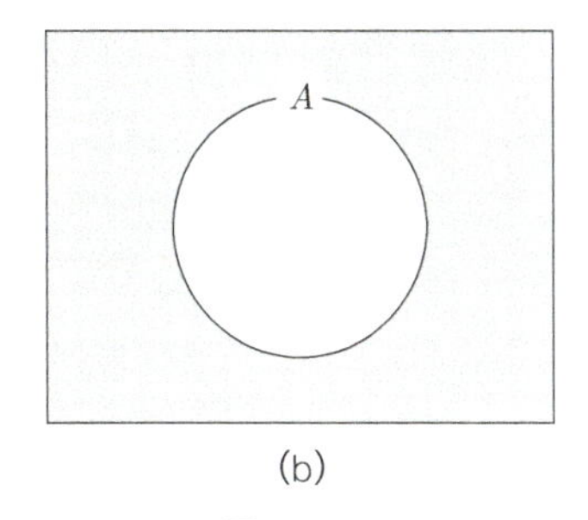

図 3.1 (a) A のベン図 (b) A の論理否定 ($\overline{A}$) のベン図

否定は 2 回以上とることもでき、

$$\overline{\overline{A}} = A \tag{3.2}$$

となる。

3.1.2 論理和 (OR)

論理和 (OR) は複数の入力に対して行う演算である。入力変数を A および B とするとき、A と B の OR は少なくとも一方に 1 が入力されるときに 1 を出力する演算である。OR の真理値表を表 3.2 に示す。

表 3.2 論理和 ($A+B$) の真理値表

A	B	$A+B$
0	0	0
0	1	1
1	0	1
1	1	1

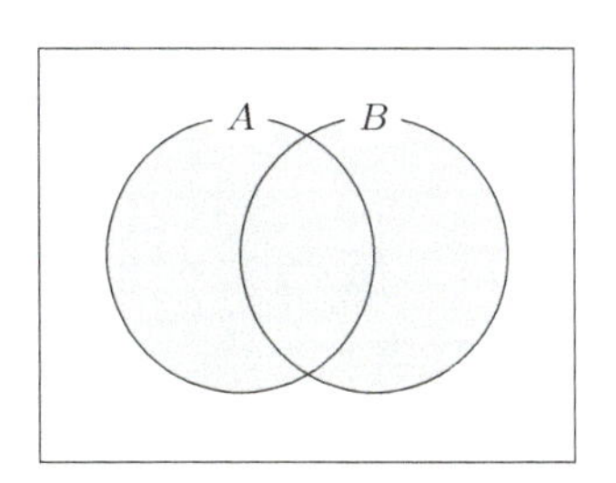

図 3.2 論理和 ($A+B$) のベン図

論理和の出力変数を X とすると、A と B の OR の論理式は

$$X = A \cup B \tag{3.3}$$

と書ける*2。通常の四則演算と誤解が生じない場合には論理和は四則演算の和

*2 「A または B」「A カップ B」「A と B の論理和」などと読む。日本語の「A または B」は「A と B のいずれか一方」を意味するが、論理和は $A=B=1$ の場合も含む。

の記号 + を用いて

$$X = A \cup B = A + B \tag{3.4}$$

と書く。以降、OR の記号として + を用いる。

OR を表すベン図は図 3.2 となる。入力のすべての組み合わせを表現するため、ベン図において入力を表す図形（A と B を表す円）は重なるように配置する。A と B が重なる領域は A と B の両方が 1 となる領域である。$X = A+B$ は、A または B のいずれかまたは両方が 1 となるとき、1 となる。つまり $X = A+B$ は、2 個の円の少なくとも一方の円に含まれる領域で表される。

論理和は 2 変数以上についても求めることができる。3 変数以上の論理和は

$$X = A + B + C + D = ((A + B) + C) + D \tag{3.5}$$

のように先に 2 変数の論理和を求め、その結果と別の変数の論理和を求めることで得られる。論理和を求める順番は演算結果に影響を与えないため、

$$X = A + B + C + D = (A + B) + (C + D) \tag{3.6}$$

としても同じ結果が得られる。

また、論理和の特別な場合として

$$X = A + \overline{A} = 1 \tag{3.7}$$

となる。ある変数とその否定の論理和は 1 となる。これをベン図を用いて考える。A は図 3.1（a）で表され、$\overline{A}$ は図 3.1（b）で表される。$A + \overline{A}$ はこれらのいずれかに含まれる領域であるから、すべての入力を表すベン図全体となる。これは $A + \overline{A}$ は入力変数 A の値によらず常に出力が 1 となることを意味している。

3.1.3 論理積（AND）

論理積（AND）も OR と同様に複数の入力変数に対する演算である。AND は入力変数のすべてが 1 のときに 1 を出力する演算である。A と B の AND を表す真理値表は表 3.3 である。A と B の AND が 1 となる領域は 2 個のいずれの入力も 1 となる領域であるから、A と B の AND を示すベン図は図 3.3 と

表 3.3　論理積（$A \cdot B$）の真理値表

A	B	$A \cdot B$
0	0	0
0	1	0
1	0	0
1	1	1

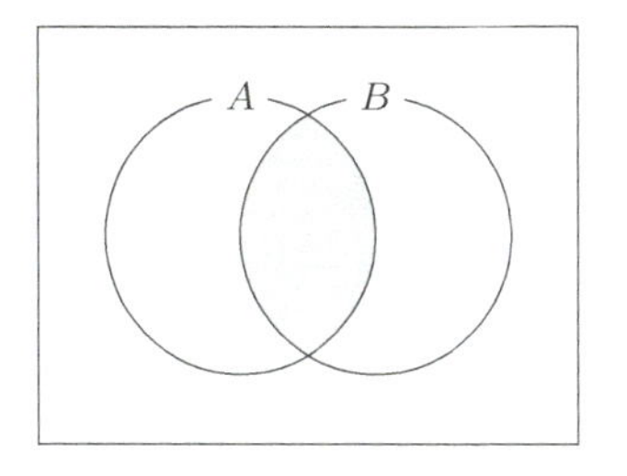

図 3.3　論理積（$A \cdot B$）のベン図

なる。

論理積の論理式は

$$X = A \cap B \tag{3.8}$$

と書く*3。論理積を表す記号は $\cap$ のほか、

$$X = A \cap B = A \cdot B = AB \tag{3.9}$$

のように「·（中点）」を用いたり、通常の代数の積のように変数を連続して書く場合もある。

また、論理積の特別な場合として A と $\overline{A}$ を考える。この論理積は

$$X = A \cdot \overline{A} = 0 \tag{3.10}$$

となる。$A \cdot \overline{A}$ は図 3.1（a）と図 3.1（b）のいずれにも色が塗られる領域となるが、そのような領域は存在しない。これは $A \cdot \overline{A}$ は入力変数 A の値によらず常に出力が 0 となることを意味する。

例題 3.1

次の論理関数を表す真理値表とベン図をかけ。

(1) $\overline{A} + B$

(2) $\overline{A} \cdot B$

*3　A と B の論理積は「A かつ B」「A キャップ B」「A と B の論理積」などと読む。

解答

(1)

A	B	$\overline{A}+B$
0	0	1
0	1	1
1	0	0
1	1	1

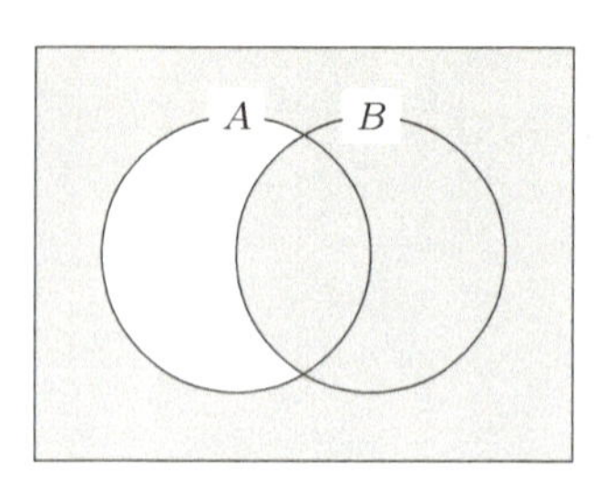

(2)

A	B	$\overline{A}\cdot B$
0	0	0
0	1	1
1	0	0
1	1	0

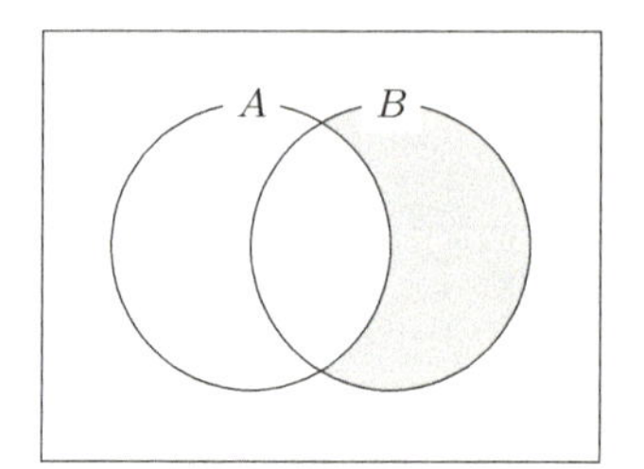

3.1.4 否定論理積（NAND）

論理否定、論理和、論理積を用いることですべての論理式が表現できる。このため、論理否定、論理和、論理積は論理演算の基本となる。基本的な演算を組み合わせて実現される論理演算のうち、ディジタル回路でよく用いられる演算 3 種類を説明する。

否定論理積（NAND[*4]）は論理積の否定である。論理式で表すと

$$X = \overline{A \cap B} = \overline{A \cdot B} \qquad (3.11)$$

となる。NAND の真理値表およびベン図はそれぞれ表 3.4 と図 3.4 である。

*4　NAND は「ナンド」と発音する。

表 3.4 否定論理積（$\overline{A \cdot B}$）の真理値表

A	B	$\overline{A \cdot B}$
0	0	1
0	1	1
1	0	1
1	1	0

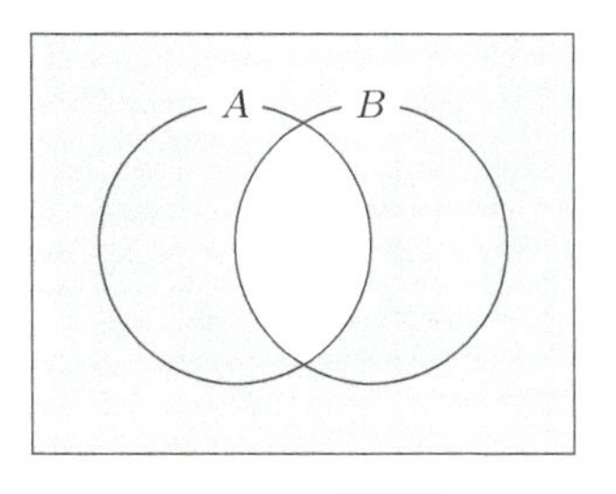

図 3.4 否定論理積（$\overline{A \cdot B}$）のベン図

NAND は集積回路を用いて実現が容易な論理演算であるため、ディジタル回路で広く使われる。

3.1.5 否定論理和（NOR）

否定論理和（NOR*5）は論理和の否定をとる演算である。

論理式で表すと

$$X = \overline{A \cup B} = \overline{A + B} \tag{3.12}$$

となる。NOR の真理値表およびベン図はそれぞれ表 3.5 と図 3.5 である。

表 3.5 否定論理和（$\overline{A + B}$）の真理値表

A	B	$\overline{A + B}$
0	0	1
0	1	0
1	0	0
1	1	0

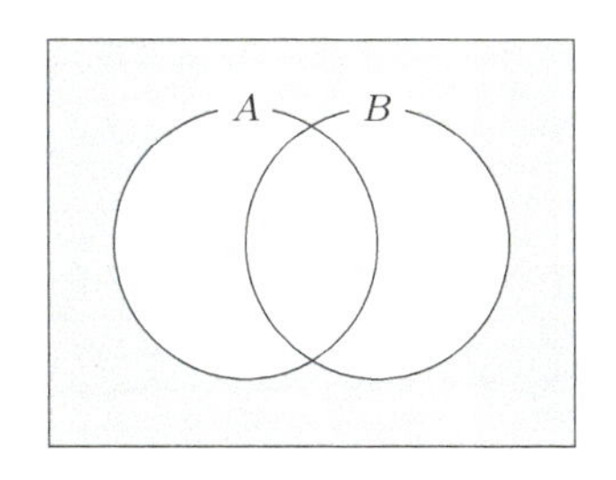

図 3.5 否定論理和（$\overline{A + B}$）のベン図

3.1.6 排他的論理和（EXOR）

排他的論理和（EXOR*6）は 2 個の入力の値が異なる場合に 1 を出力する演算である。EXOR の真理値表は表 3.6 となる。EXOR は論理式で表すと、

*5 NOR は「ノアー」と発音する。
*6 EXOR は「エックスオア」と発音する。

$$X = A \oplus B = A \cdot \overline{B} + \overline{A} \cdot B \tag{3.13}$$

となる。EXOR のベン図は図 3.6 となる。

表 3.6　排他的論理和（$A \oplus B$）の真理値表

A	B	$A \oplus B$
0	0	0
0	1	1
1	0	1
1	1	0

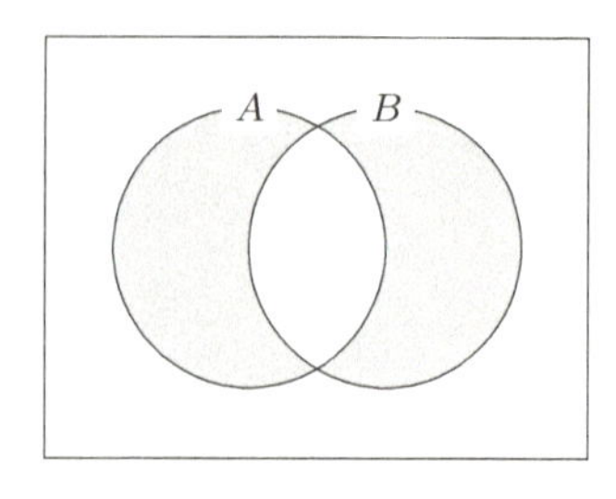

図 3.6　排他的論理和（$A \oplus B$）のベン図

3.2 論理演算の基本法則

3.2.1 演算の優先順位

論理式の中に複数の異なる論理演算子（NOT、OR、AND）が含まれる場合、NOT、AND、OR の順に演算される。OR を先に計算する場合には ( ) を用いて計算順序を明示する。例えば、$A + \overline{B} \cdot C$ は、$\overline{B}$ と C の論理積と A の論理和となる。左から順に計算して A と $\overline{B}$ の論理和を先に求めると、誤った演算結果となる。A と $\overline{B}$ の論理和と C の論理積を表す場合には $(A + \overline{B}) \cdot C$ と表記する。

3.2.2 交換則

論理和と論理積では、変数の記載の順番は演算結果に影響を与えない。

$$A + B = B + A \tag{3.14}$$

$$A \cdot B = B \cdot A \tag{3.15}$$

3.2.3 結合則

論理和のみ、または論理積のみの論理式において ( ) を用いて計算の順番を変更しても、演算結果に影響を与えない。

$$(A + B) + C = A + (B + C) \tag{3.16}$$

$$(A \cdot B) \cdot C = A \cdot (B \cdot C) \tag{3.17}$$

3.2.4 分配則

複数の変数（次の例では B と C）の論理和と別の変数（A）の論理積は、各変数（B と C）と別の変数（A）の論理積を求めてから論理和を求めた結果と等しい。

$$A \cdot (B + C) = A \cdot B + A \cdot C \tag{3.18}$$

複数の変数（次の例では B と C）の論理積と別の変数（A）の論理和は、各変数（B と C）と別の変数（A）の論理和を求めてから論理積をとった結果と等しい。

$$A + (B \cdot C) = (A + B) \cdot (A + C) \tag{3.19}$$

例題 3.2

次の論理関数を表すベン図をかけ。

(1) $(A + B) \cdot (A + C)$

(2) $A + B \cdot A + C$

解答

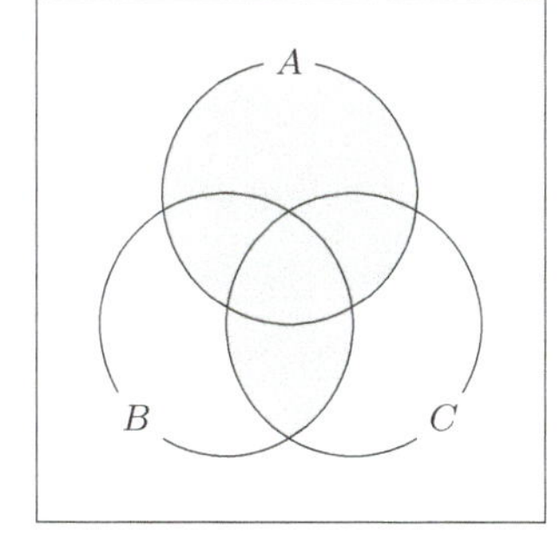

(2)

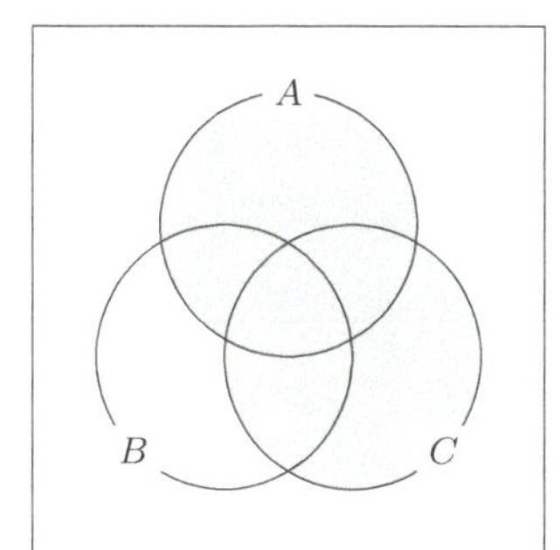

3.2.5 同一則

変数 A とそれ自身の論理和および論理積は、もとの変数 A となる。

$$A + A = A \tag{3.20}$$

$$A \cdot A = A \tag{3.21}$$

3.2.6 吸収則

変数 A と別の変数 B の論理積と A の論理和は A となる。

$$A + A \cdot B = A \tag{3.22}$$

変数 A と別の変数 B の論理和と A の論理積は A となる。

$$A \cdot (A + B) = A \tag{3.23}$$

3.2.7 恒等則

変数 A と 1 の論理和は 1 となる。

$$A + 1 = 1 \tag{3.24}$$

変数 A と 1 の論理積は A となる。

$$A \cdot 1 = A \tag{3.25}$$

変数 A と 0 の論理和は A となる。

$$A + 0 = A \tag{3.26}$$

変数 A と 0 の論理積は 0 となる。

$$A \cdot 0 = 0 \tag{3.27}$$

3.2.8 ド・モルガンの定理

論理積と論理和を変換する以下の法則を**ド・モルガンの定理**（de Morgan's theorem）と呼ぶ。

$$\overline{A \cdot B \cdot C} = \overline{A} + \overline{B} + \overline{C} \tag{3.28}$$

$$\overline{A + B + C} = \overline{A} \cdot \overline{B} \cdot \overline{C} \tag{3.29}$$

ド・モルガンの定理の正しさをベン図を使って確認する。ここでは簡単のため2変数とし、論理積を論理和に変換する

$$\overline{A \cdot B} = \overline{A} + \overline{B} \tag{3.30}$$

を考える。左辺は $A \cdot B$ の否定であるから、図 3.7 となる。これに対して、右辺は $\overline{A}$（図 3.8 (a)）と $\overline{B}$（図 3.8 (b)）の論理和であるから、やはり図 3.7 となる。

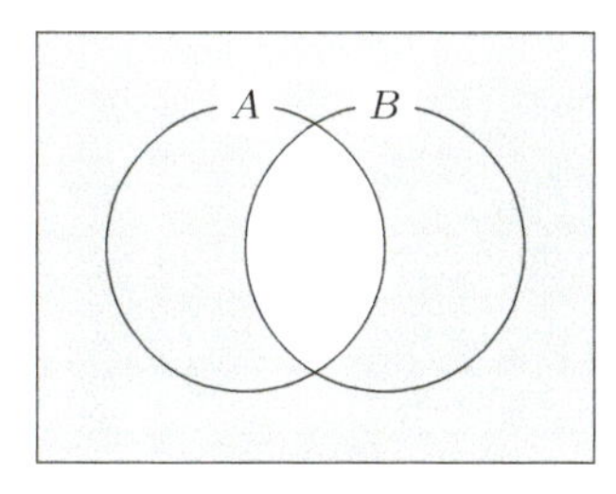

図 3.7　$\overline{A \cdot B}$ のベン図

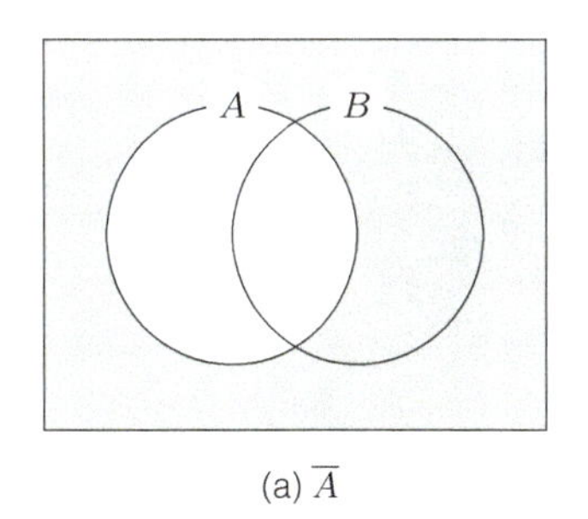

(a) $\overline{A}$

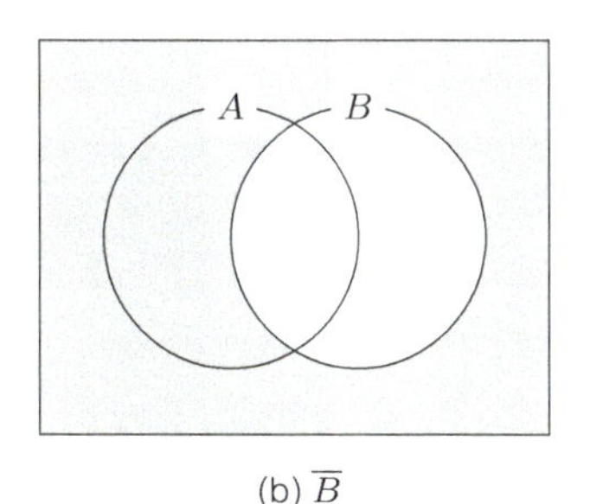

(b) $\overline{B}$

図 3.8　式 (3.30) の右辺の各項のベン図

ド・モルガンの定理を表す式 (3.29) が正しいことをベン図を使って確認せよ。

解答

式 (3.29) の左辺は $A+B+C$ の否定であるから、ベン図で表すと以下となる。

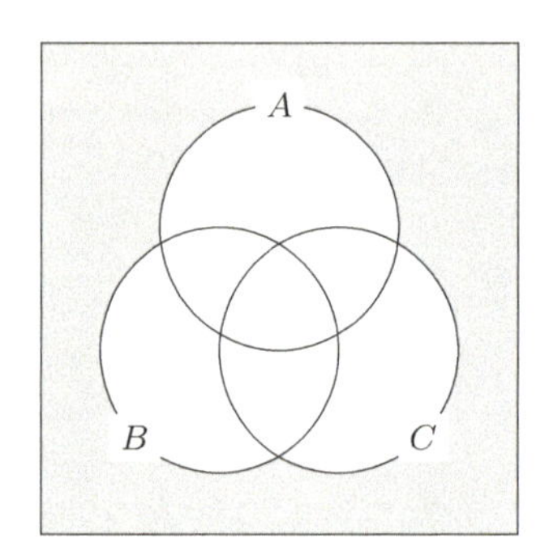

これに対して、右辺は次の 3 枚のベン図で表される $\overline{A}$、$\overline{B}$、$\overline{C}$ の AND となることから両者は等しくなり、式 (3.29) が成り立つことがわかる。

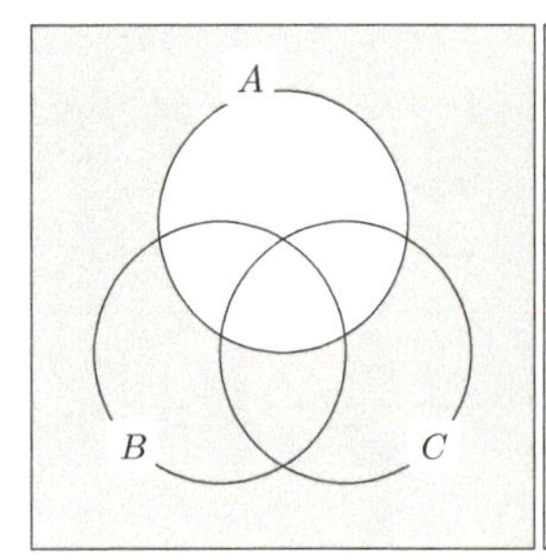

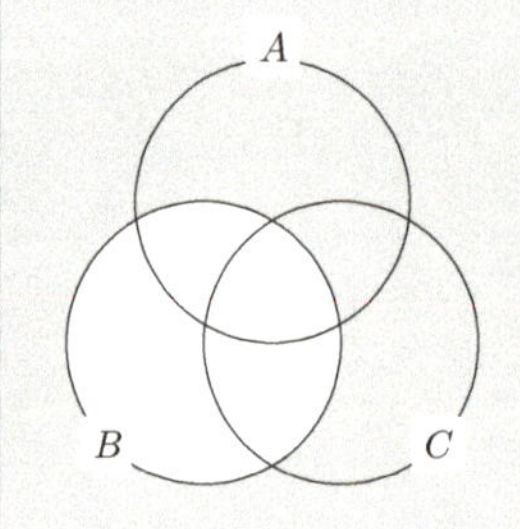

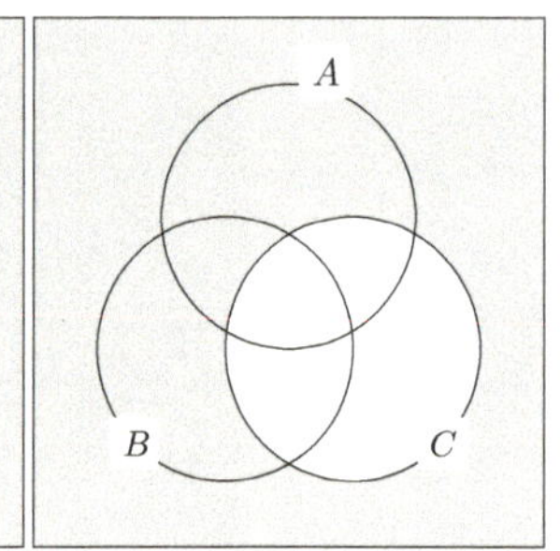

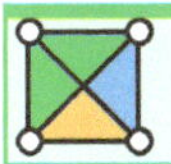

章末問題

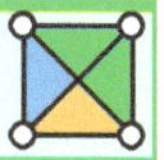

3.1 分配則を表す

$$A \cdot (B + C) = (A \cdot B) + (A \cdot C)$$

をベン図を用いて証明せよ。

3.2 次の論理式をベン図を用いて表せ。

(1)　$\overline{A}B + A\overline{B}$　　(2)　$\overline{A}BC + A\overline{B}\overline{C}$

3.3 次のベン図を表す論理式を示せ。

(1)

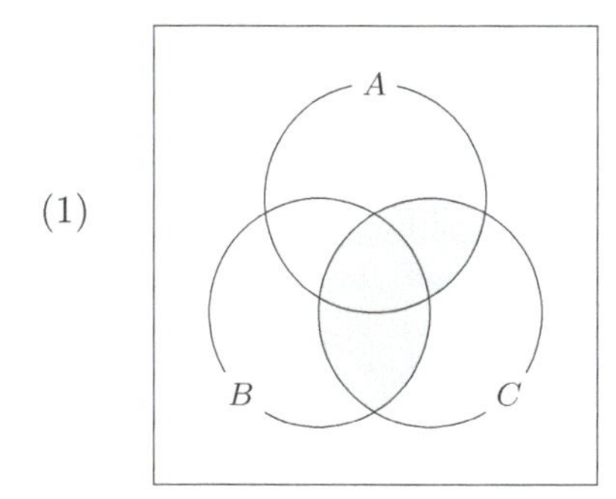

(2)

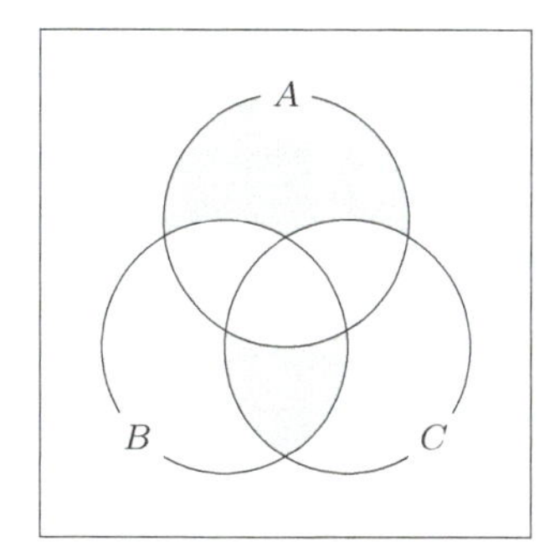

3.4 次の論理式を表す真理値表をかけ。

(1) $X = \overline{A \cdot \overline{B}}$　(2) $X = \overline{A}BC + \overline{B}\overline{C}$　(3) $X = \overline{A}C + BC + A\overline{C}$

3.5 $A + \overline{A}B = A + B$ であることを示せ。

3.6 次の論理式を簡単にせよ。

(1) $A + \overline{A}$　(2) $0 \cdot A + 1 \cdot \overline{A}$　(3) $AB + B + C$　(4) $A \cdot \overline{A} + B$

嘘つき村と正直村

ブール代数は、単純な「真・1」または「偽・0」を使って論理的な問題を解析する。論理的思考を試す次の「嘘つき村と正直村」の問題がある。

「ある日、あなたは『嘘つき村』と『正直村』へ通じる分かれ道にきた。この

2 つの村の住人は、嘘つき村の住人は必ず嘘をつき、正直村の住人は必ず真実を話す。あなたは正直村に行きたいが、正しい道がわからない。そのとき、分岐点で 1 人の村人に出会ったが、彼がどの村の人かはわからない。あなたはその村人になんと尋ねれば正直村への道を知ることができるか？　ただし、村人には『はい』または『いいえ』で答えられる質問をすること」

　この問題の答えは、

「(片方の道を指差して) あなたの住む村はこちらですか」

と尋ねることである。

　もし、指差す方向が正直村への道であり、村人が正直村の村人ならば「はい」と答え、村人が嘘つき村の村人ならば嘘を答えるので「はい」と答える。もし、指差す方向が嘘つき村への道ならば、村人が正直村の村人ならば「いいえ」と答え、村人が嘘つき村の村人ならば嘘を答えるので「いいえ」と答える。つまり、村人がいずれの村に住んでいても「はい」と答えた道が正直村に通じ、「いいえ」と答えた道が嘘つき村に通ずる。

　これは、村人に対する質問が 2 人にとって真偽が変わる質問をするのがポイントである。正直村の村人を「入力をそのまま出す論理ゲート (バッファ)」、嘘つき村の村人を「入力を反転して出力する論理ゲート (NOT)」であると考えると、この問題は、

「中身が NOT かバッファかわからない論理ゲートがある。この論理ゲートの中身が NOT であってもバッファであっても同じ出力を得るためにはどのような入力信号を加えればよいか」

である、と考えることができる。この問題であれば、論理ゲートの中身が NOT ゲートの場合には真偽が反転する入力を加えればよいことはすぐにわかる。先の問題も同様に、嘘つき村の村人か正直村の村人かに応じて真偽が逆になる質問を考えればよい。

　では、先ほどのなぞなぞを少し変更して、

「ある日、あなたは『嘘つき村』と『正直村』へ通じる分かれ道にきた。あなたは正直村に行きたいが、正しい道がわからない。そのとき分岐点で、正直村への道を知る 1 人の旅人に出会った。旅人は『必ず嘘をつく旅人』か『必ず真実を答える旅人』のいずれかであるが、いずれであるかはわからない。あなたはその旅人になんと尋ねれば正直村への道を知ることができるか？」

としたらどうだろう。ぜひ考えてみてほしい。

本章では、ディジタル回路の特性が真理値表で与えられたとき、真理値表から論理関数を機械的に導く方法について述べる。論理関数の一般的な表現方法である加法標準形と乗法標準形の2種類を学ぶ。真理値表から得られた論理関数を数式の変形により簡単化する方法も学ぶ。

本章のポイント

- すべての入力変数の論理積の論理和の形で表現される論理関数を加法標準形と呼ぶ。
- すべての入力変数の論理和の論理積の形で表現される論理関数を乗法標準形と呼ぶ。
- 真理値表が与えられると、その論理関数を加法標準形または乗法標準形で表すことができる。
- 加法標準形および乗法標準形で表された論理関数は、冗長な演算を含むことが多い。
- 論理関数の入出力関係を変えずに、より少ない論理演算を用いた表現に変更することを簡単化と呼ぶ。
- 論理演算の性質を活用して式変形することで論理関数の簡単化が実現できる。

4.1　加法標準形

目的とする論理関数は、出力が 1 となる入力の組み合わせの AND であることに注目すると、加法標準形が導かれる。

表 4.1　目的とする真理値表

A	B	C	X
0	0	0	0
0	0	1	0
0	1	0	0
0	1	1	1
1	0	0	1
1	0	1	1
1	1	0	0
1	1	1	1

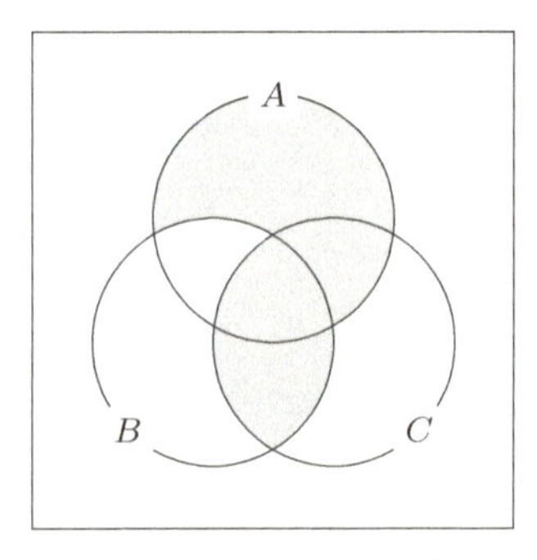

図 4.1　表 4.1 のベン図

例として、表 4.1 の真理値表で表される入出力関係をもつディジタル回路の動作を論理関数で表す場合を考える。この回路の出力 X が 1 となるのは入力変数 ABC がそれぞれ 011、100、101、111 となる 4 通りである。A、B、C を 1、$\overline{A}$ 、$\overline{B}$、$\overline{C}$ は 0 とすると、$\overline{A}\cdot B\cdot C$ のとき X は 1 となる[*1]。同様に $A\overline{B}\overline{C}$、$A\overline{B}C$、$ABC$ のいずれかの場合にも X は 1 となる。このことから、出力 X の論理式はこれらの 4 通りの入力の OR で表すことができ、

$$X = \overline{A}BC + A\overline{B}\overline{C} + A\overline{B}C + ABC \tag{4.1}$$

となる。式 (4.1) のように、すべての入力変数の論理積の論理和の形で表現される論理関数を**加法標準形**（disjunctive canonical form）と呼ぶ。加法標準形の各項はベン図において 1 となる（色塗りされた）各領域を意味する。図 4.1 では 1 となる（色塗りされた）各領域が 4 領域あることから、加法標準形の項数も 4 となる。このように考えると加法標準形は意味が理解しやすく、真理値表からの導出も比較的容易な表現であるため広く用いられる。

＊1　これ以降、AND を示す「·」は省略する。

例題 4.1

次の真理値表で示される論理関数を加法標準形で表せ。

表 4.2 例題 4.1 の真理値表

A	B	C	X
0	0	0	1
0	0	1	0
0	1	0	0
0	1	1	0
1	0	0	1
1	0	1	1
1	1	0	1
1	1	1	0

解答

入力が $\overline{A}\overline{B}\overline{C}$、$A\overline{B}\overline{C}$、$A\overline{B}C$、$AB\overline{C}$ のいずれかの場合に出力 X は 1 となるから、X はこれらの OR となる。

$$X = \overline{A}\overline{B}\overline{C} + A\overline{B}\overline{C} + A\overline{B}C + AB\overline{C} \tag{4.2}$$

4.2 乗法標準形

論理関数の別の標準形に**乗法標準形**（conjunctive canonical form）がある。乗法標準形とは、最大項の論理積の形で表された論理関数である。ここで、最大項とはすべての入力変数の論理和で表される項である。

乗法標準形は以下の手順で得ることができる。表 4.1 の真理値表で表される論理関数を求めるとする。まず、表 4.1 の $\overline{X}$ を加法標準形で表す。つまり、出力変数 X が 0 となる入力変数の論理積の論理和を求める。

$$\overline{X} = \overline{A}\overline{B}\overline{C} + \overline{A}\overline{B}C + \overline{A}B\overline{C} + AB\overline{C} \tag{4.3}$$

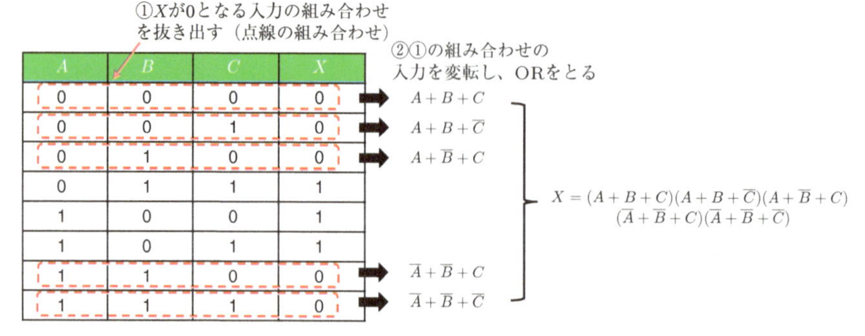

図 4.2　乗法標準形の機械的な導出

式（4.3）の両辺の否定をとると

$$X = \overline{\overline{A}\overline{B}\overline{C} + \overline{A}\overline{B}C + \overline{A}B\overline{C} + AB\overline{C}}$$
$$= (\overline{\overline{A}\overline{B}\overline{C}})(\overline{\overline{A}\overline{B}C})(\overline{\overline{A}B\overline{C}})(\overline{AB\overline{C}}) \tag{4.4}$$

が得られる。2 行目は右辺にド・モルガンの定理を適用している。2 行目の各 ( ) の内で再度ド・モルガンの定理を適用すると

$$X = (A + B + C)(A + B + \overline{C})(A + \overline{B} + C)(\overline{A} + \overline{B} + C) \tag{4.5}$$

を得る。式 (4.5) は最大項の論理積で表されていることから乗法標準形となっていることがわかる。以上のように、乗法標準形は、出力 X が 0 となる入力の組み合わせを加法標準形で表し、その否定をとることで $X = 1$ となる組み合わせを求める。次にド・モルガンの定理を用いて整理することで得られる。

以上の乗法標準形の導出は、図 4.2 に示すように真理値表から機械的に導くことができる。まず真理値表において出力が 0 となる入力の組み合わせを抜き出す。次に、この入力を反転して論理和（最大項）を作成する。出力変数が 0 となるすべての組み合わせで同様に作成した最大項の論理積を求めると、乗法標準形となる。

例題 4.2

表 4.2 の真理値表で示される論理関数を乗法標準形で表せ。

解答

入力が0となる組み合わせを抜き出すと、$\overline{A}\overline{B}C$、$\overline{A}B\overline{C}$、$\overline{A}BC$、$ABC$ となる。これらの入力を反転し論理和で表すと $A+B+\overline{C}$、$A+\overline{B}+C$、$A+\overline{B}+\overline{C}$、$\overline{A}+\overline{B}+\overline{C}$ となる。これらの論理積を求めると

$$X = (A+B+\overline{C})(A+\overline{B}+C)(A+\overline{B}+\overline{C})(\overline{A}+\overline{B}+\overline{C}) \tag{4.6}$$

となり、X の乗法標準形が得られる。

4

例題 4.3

次の関数を加法標準形と乗法標準形に変換せよ。ただし、入力変数は A および B とする。

$$X = A + \overline{A}B \tag{4.7}$$

解答

加法標準形

$$\begin{aligned} X &= A + \overline{A}B \\ &= AB + A\overline{B} + \overline{A}B \end{aligned} \tag{4.8}$$

【解説】

与えられた X の論理式は入力変数の論理積の論理和の形式となっているが、第1項は入力変数 A のみで表された項となっているため、入力変数 $A = AB + A\overline{B}$ を用いてすべての項を入力変数 A および B の論理積で表している。

乗法標準形

$$\begin{aligned} \overline{X} &= \overline{A}\overline{B} \\ X &= \overline{\overline{A}\overline{B}} \\ &= \overline{\overline{A}} + \overline{\overline{B}} \end{aligned}$$

$$= A + B \tag{4.9}$$

【解説】

1 行目：先に求めた加法標準形に含まれない入力の組み合わせより、$\overline{X}$ についての加法標準形を求める。

2 行目：両辺の否定をとり、X の論理関数とする。

3 行目：ド・モルガンの定理を適用することで X の乗法標準形を得る。
この例では $\overline{X} = 0$ となる入力の組み合わせが 1 個であるため、乗法標準形であっても論理積が用いられていない。

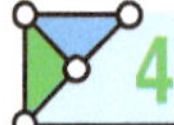

4.3 論理関数の簡単化

真理値表から得られる加法標準形および乗法標準形は、出力を得るために必要となる論理演算の数が多い。論理演算の数はディジタル回路として実現する際の論理ゲートの数と等しいため、余剰な項や論理演算が含まれた論理関数のまま回路に実現すると、できあがるディジタル回路が大きくなり、必要な素子数（素子数はコストや信頼性に影響する）や、消費電力も大きくなる。ソフトウェアで実現する場合も同様に、不要な演算は演算時間や消費電力の点で不利となる。そこで、真理値表から得られた論理関数はそのまま実装するのではなく、冗長な演算を削減してからディジタル回路やソフトウェアで実装される。

論理関数の**簡単化**とは、論理関数の入出力関係を変更せずに

- 論理式を構成する項数（または因数）を最小化する
- 各項（または因数）に含まれる論理変数の数を最小化する

ことである。この変形により論理演算の数も低減される。

論理関数の簡単化は論理関数の性質を考慮した式変形を行うことで実現できる。簡単化に効果的ないくつかの式変形を紹介する。

簡単化 1　入力変数 A および B の論理積の論理和において、それぞれの論理

積に含まれる論理変数 A の値は等しく、論理変数 B が 0 および 1 である場合、A となる。

$$AB + A\overline{B} = A \tag{4.10}$$

確認

$$AB + A\overline{B} = A(B + \overline{B}) = A \cdot 1 = A \tag{4.11}$$

簡単化 1-2　簡単化 1 の式変形は論理和と論理積を入れ替えても成立する。入力変数 A および B の論理和の論理積において、それぞれの論理和に含まれる論理変数 A の値は等しく、論理変数 B が 0 および 1 である場合 A となる。

$$(A + B)(A + \overline{B}) = A \tag{4.12}$$

確認

$$(A + B)(A + \overline{B}) = A + (B\overline{B}) = A + 0 = A \tag{4.13}$$

簡単化 2　「入力変数 A」と「その否定 $\overline{A}$ と異なる論理変数 B との論理和」の論理積は、論理変数 A と論理変数 B の論理積となる。

$$A(\overline{A} + B) = AB \tag{4.14}$$

確認

$$A(\overline{A} + B) = A\overline{A} + AB = 0 + AB = AB \tag{4.15}$$

簡単化 2-2　簡単化 2 の式変形は論理和と論理積を入れ替えても成立する。「ある論理変数 A」と「その否定 $\overline{A}$ と異なる論理変数 B との論理積」の論理和は、ある論理変数 A と異なる論理変数 B の論理和となる。

$$A + \overline{A}B = A + B \tag{4.16}$$

確認

$$\begin{aligned} A + \overline{A}B &= A(B + \overline{B}) + \overline{A}B = AB + A\overline{B} + \overline{A}B \\ &= AB + A\overline{B} + AB + \overline{A}B = A(B + \overline{B}) + (A + \overline{A})B = A + B \end{aligned} \tag{4.17}$$

例題 4.4

次の関数を簡単化せよ。

$$X = A\overline{B} + AB + \overline{A}\overline{B} \tag{4.18}$$

解答

$$\begin{aligned} X &= A(\overline{B} + B) + \overline{A}\overline{B} \\ &= A + \overline{A}\overline{B} \\ &= A + \overline{B} \end{aligned} \tag{4.19}$$

【別解】 式 (4.18) において $A\overline{B}$ と AB と論理和は A となり、$A\overline{B}$ と $\overline{A}\overline{B}$ の論理和は $\overline{B}$ となることに着目し、式 (4.18) に $A\overline{B}$ をもう 1 項加える。式 (4.18) にはすでに $A\overline{B}$ の論理和が含まれるため、式 (4.18) に新たに $A\overline{B}$ を加えても論理関数の結果は変化しない。式 (4.18) に $A\overline{B}$ を加えてから簡単化を行うと

$$\begin{aligned} X &= A\overline{B} + AB + \overline{A}\overline{B} \\ &= A\overline{B} + AB + \overline{A}\overline{B} + A\overline{B} \\ &= A(\overline{B} + B) + (\overline{A} + A)\overline{B} \\ &= A + \overline{B} \end{aligned} \tag{4.20}$$

となる。

簡単化 3　「ある変数 A と別の変数 B の論理積」と「その変数の否定 $\overline{A}$ と別の変数 C の論理積」の論理和には B と C の論理和が含まれるため、BC は省略できる。

$$AB + \overline{A}C + BC = AB + \overline{A}C \tag{4.21}$$

確認　もととなる関数の各項をすべての入力変数の論理積で表す。関数の各項を以下のように 3 変数の論理積に変換する。

$$AB = ABC + AB\overline{C} \tag{4.22}$$

すべての項を同様の手順で 3 変数の論理積に変換すると

$$AB + \overline{A}C + BC = ABC + AB\overline{C} + \overline{A}BC + \overline{A}\overline{B}C + ABC + \overline{A}BC \tag{4.23}$$

を得る。このとき、BC から得られる $ABC + \overline{A}BC$ は $AB + \overline{A}C$ から得られる $ABC + AB\overline{C} + \overline{A}BC + \overline{A}\overline{B}C$ に含まれる。このことから、AB と $\overline{A}C$ の論理和には BC が含まれることがわかる。

簡単化 3-2　簡単化 3 の式変形は、論理和と論理積を入れ替えても成立する。「ある変数 A と別の変数 B の論理和」と「その変数の否定 $\overline{A}$ と別の変数 C の論理和」の論理積には $B + C$ が含まれる。

$$(A + B)(\overline{A} + C)(B + C) = (A + B)(\overline{A} + C) \tag{4.24}$$

　以上の式変形を活用することにより論理関数の簡単化が実現できる。しかし、これらの式変形のいずれが適用可能であるかは一見してわからない場合も多く、論理関数の簡単化には経験が必要となる。

例題 4.5

　次の関数を簡単化せよ。

$$X = (A + B)(A + \overline{B}) \tag{4.25}$$

解答

$$\begin{aligned} X &= (A + B)(A + \overline{B}) \\ &= A + A\overline{B} + AB + B\overline{B} \end{aligned}$$

$$= A + A(\overline{B} + B) + 0$$
$$= A \tag{4.26}$$

【解説】

2 行目：（ ）を取り外す。このとき $AA = A$ を用いている。

3 行目：2 行目の第 2 項と第 3 項から A を抜き出す。また第 4 項は $B\overline{B} = 0$ である。

4 行目：$B + \overline{B} = 1$ より 3 行目の第 2 項も A となる。$A + A = A$ より A を得る。

例題 4.6

次の関数を簡単化せよ。

$$X = AC + \overline{A}BC \tag{4.27}$$

解答

$$\begin{aligned} X &= AC + \overline{A}BC \\ &= (A + \overline{A}B)C \\ &= (AB + A\overline{B} + \overline{A}B)C \\ &= (AB + A\overline{B} + AB + \overline{A}B)C \\ &= (A(B + \overline{B}) + B(A + \overline{A}))C \\ &= (A + B)C \end{aligned} \tag{4.28}$$

【解説】

2 行目：各項に共通して含まれる C を論理積の形でカッコ外に抜き出す。

3 行目：（カッコ内）の見通しをよくするため、各項をすべての入力変数で表す。$A = AB + A\overline{B}$ を用いる。

4 行目：（カッコ内）の第 3 項の簡単化を実現するため、AB を追加する。なお、AB の追加により論理関数は変化しない。

5 行目：4 行目の（カッコ内）の第 1 項と第 2 項から A をくくりだし、第 3 項と第 4 項から B をくくりだす。

6 行目：目的の関数を得る。

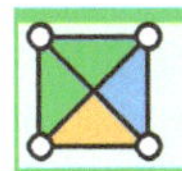

章末問題

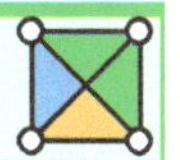

4.1 次の真理値表で表される論理関数を加法標準形と乗法標準形で表せ。

(1)

A	B	C	X
0	0	0	0
0	0	1	1
0	1	0	0
0	1	1	1
1	0	0	0
1	0	1	1
1	1	0	0
1	1	1	1

(2)

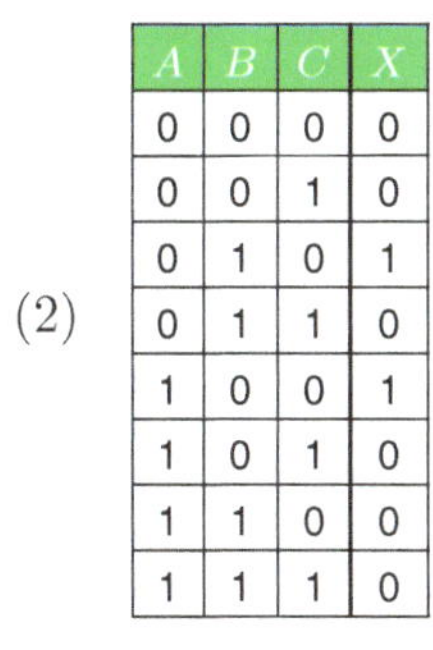

A	B	C	X
0	0	0	0
0	0	1	0
0	1	0	1
0	1	1	0
1	0	0	1
1	0	1	0
1	1	0	0
1	1	1	0

4.2 $f(A,B) = A + \overline{A}B$ を加法標準形で表せ。

4.3 次の論理式を簡単化せよ。

(1)　$f(A,B,C) = \overline{A}BC + ABC + A\overline{B}C$

(2)　$f(A,B,C) = \overline{A}\overline{C} + A\overline{B}\overline{C} + \overline{A}BC$

4.4 $f(A,B,C) = \overline{A}\overline{B} + \overline{C}$ を乗法標準形に変形せよ。

4.5 $f(A,B,C) = (A+B+C)(\overline{A}+B+C)(A+\overline{B}+C)(\overline{A}+\overline{B}+C)(A+\overline{B}+\overline{C})$ を加法標準形に変形せよ。

ディジタル回路を超える？：量子コンピュータ

次世代の技術として注目される「量子コンピュータ」は、これまでのディジタル回路とは根本的に異なる原理に基づいて動作する。従来のコンピュータでは、情報は「ビット」単位で管理され、0 または 1 の状態しかとれない。一方、量子コンピュータの情報の単位である量子ビット（Qubit）は、「重ね合わせ」という量子力学の性質を持っている。このため、量子ビットは「0」と「1」の両方の状態を同時にとることができる。この重ね合わせによって、量子コンピュータは複数の計算を同時に実行する「並列計算」が可能となる。例えば、従来のコンピュータでは 8 ビットで 256 通りの状態を個別に処理するが、量子コンピュータではそれらを一度に扱うことができる。

ディジタル回路では、信号を 0 または 1 で表す組み合わせ回路や順序回路を用いて処理を実行する。一方量子コンピュータは、論理演算に加えて「量子もつれ」や「干渉」といった特性を利用する。例えば、量子もつれにより、2 つの量子ビットが離れた場所にあっても一体として振る舞う。これにより、データの関連性や依存関係を一括で処理することが可能となる。この仕組みは、従来のディジタル回路を超える新たな設計の革進的進歩を生み出すとされる。量子コンピュータの応用例として、新薬の開発や新材料の開発などが挙げられる。新薬開発では、分子や化学反応のシミュレーションが重要となるが、量子コンピュータは量子力学の計算モデルを直接活用するため、分子構造の挙動を効率的に解析できると期待されている。

一方で、量子コンピュータには課題もある。量子ビットは非常に繊細で、外部環境の影響を受けやすい特性がある。このため、極低温環境や高度なノイズ除去技術が必要となる。また、量子コンピュータが普及すれば、暗号技術や倫理の領域で、新たな社会問題も生まれる。例えば、現在広く使われている RSA 暗号や楕円曲線暗号は、量子アルゴリズムの利用によって高速に解読される可能性がある。このため、セキュリティ上の問題が生ずるとされる。

量子コンピュータの普及には解決しなければならない課題がまだまだ多く、すぐに従来のコンピュータから置き換えられるものではない。量子コンピュータと従来のコンピュータのそれぞれが、一層発展することが期待される。

第5章 カルノー図

第4章で学んだ論理関数の式変形による簡単化は、適切な変形を行うためには経験が必要となる。また、簡単化により得られた式が最も簡単な形式になっているかは一見しただけではわからない。そこで本章では、機械的に論理関数の簡単化を行うことができるカルノー図を用いた論理関数の簡単化の方法を学ぶ。

本章のポイント

- カルノー図を用いることで論理関数の簡単化が機械的に実現できる。
- カルノー図は入力変数のすべての組み合わせを2次元的に表現した図であり、隣り合うマスの間で入力変数が1個だけ異なるように配置する。
- カルノー図は加法形の論理関数は直接簡単化することができる。乗法形の論理関数の場合は、目的の関数の否定をとり、ド・モルガンの定理を用いて関数を加法形に直して簡単化したあとに、得られた関数の否定をとり再びド・モルガンの定理を用いることで簡単化が可能となる。
- 入力されない入力変数の組み合わせなど、考慮しなくてよいことをドントケアという。ドントケアの項を活用することで、論理関数の簡単化が効率的にできることがある。

5.1 カルノー図

論理関数の入出力関係は真理値表により表すことができる。論理関数の簡単化を行うため、入力変数のすべての組み合わせを2次元的に表現する**カルノー**

図（Karnaugh map）を導入する。

最も簡単な例として、2 変数のカルノー図を図 5.1 に示す。入力変数が A と B の 2 種類の場合、入力は AB、$\overline{A}B$、$A\overline{B}$、$\overline{A}\overline{B}$ の 4 通りの組み合わせがある。カルノー図は、すべての入力の組み合わせを 2 次元の表に表現する。2 変数のカルノー図の場合、図 5.1 のように 2 行 2 列の表の各マスを入力変数の組み合わせに対応させる。図 5.1 では列が A に対応し、行が B に対応している。つまり ① は $\overline{A}\overline{B}$ に、② は $A\overline{B}$ に、③ は $\overline{A}B$ に、④ は AB に対応する。カルノー図において隣り合うマスは変数が 1 個のみ異なるように配置する。AB と $\overline{A}B$ および $A\overline{B}$ は変数が 1 個のみ異なるためマスが隣り合う。一方で AB と $\overline{A}\overline{B}$ は変数が 2 個異なるためマスは隣り合わないように配置される。入力変数の個数が 3 および 4 の場合は、列および行に 2 変数の論理積を割り当てる。図 5.2 および図 5.3 に、3 変数および 4 変数のカルノー図を示す。この場合も 2 変数の場合と同様に、隣り合うマスは変数が 1 個のみ異なるように配置される。また、カルノー図の各行の右端と左端は隣り合っているとみなす。例えば、図 5.2 において ④ で表される $\overline{A}B\overline{C}$ は ①、③、⑧ と隣り合う。つまり $\overline{A}B\overline{C}$ はそれらのマスに配置される $\overline{A}\overline{B}\overline{C}$、$AB\overline{C}$、$\overline{A}BC$ とそれぞれ 1 変数のみ値が異なる。各列の最上段と最下段についても同様に隣り合っているとみなすため、これらのマスに割り当てられる変数も 1 個のみ異なるように配置する。

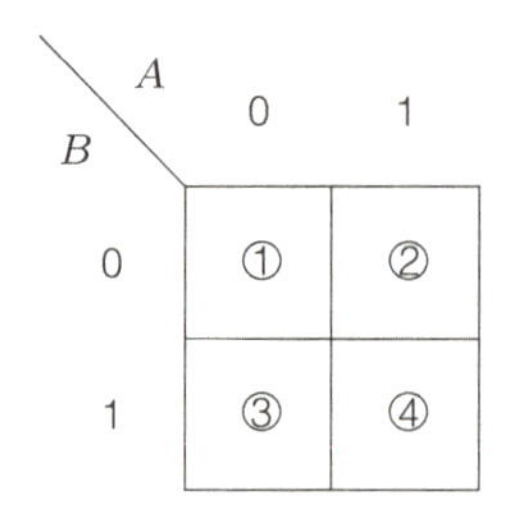

図 5.1　2 変数のカルノー図

例題 5.1

図 5.3 に示す 4 変数のカルノー図について以下の問いに答えよ。

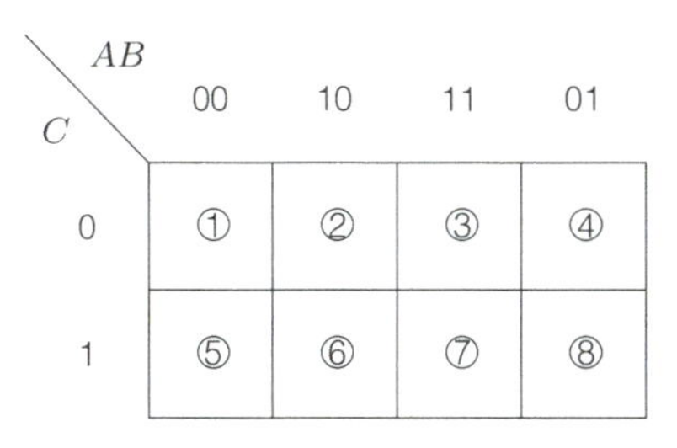

図 5.2　3 変数のカルノー図

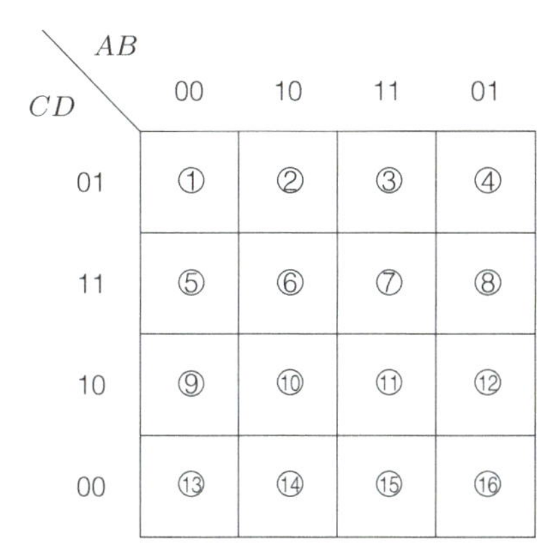

図 5.3　4 変数のカルノー図

(1) ③ 、⑫ 、⑮ のマスが示す入力変数を答えよ。

(2) $ABCD$、$A\overline{B}C\overline{D}$、$\overline{A}\overline{B}\overline{C}\overline{D}$ を表すマスの番号を答えよ。

(3) ⑫ と隣り合うマスの番号をすべて答えよ。

解答

(1) ③ ：$AB\overline{C}D$、⑫ ：$\overline{A}BC\overline{D}$、⑮ ：$AB\overline{C}\overline{D}$

(2) $ABCD$: ⑦ 、$A\overline{B}C\overline{D}$: ⑩ 、$\overline{A}\overline{B}\overline{C}\overline{D}$: ⑬

(3) ⑧ 、⑨ 、⑪ 、⑯

1 枚のカルノー図に割り当てることができる入力変数の最大数は 4 であるため、5 変数の場合は、図 5.4 のように 4 変数のカルノー図を 2 枚用いる。2 枚の

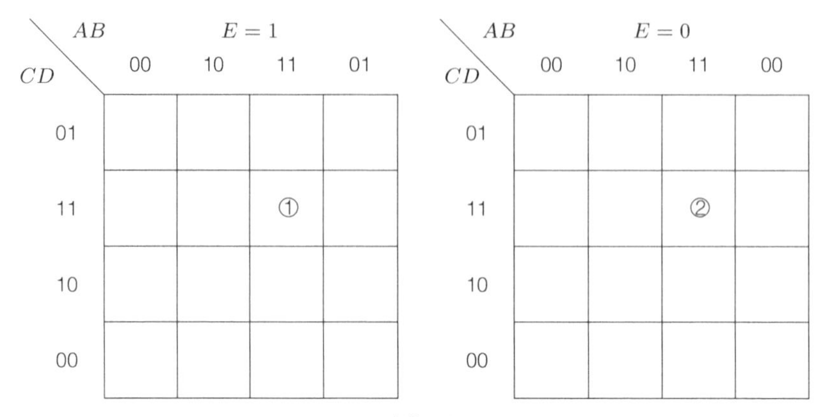

図 5.4　5 変数のカルノー図

カルノー図は変数 E の 1 および 0 のそれぞれに対応し、残りの 4 変数はカルノー図の各マスで表す。2 枚のカルノー図は 3 次元的に並んで存在しているとして扱い、各マスは同一のカルノー図内で隣り合うマス以外に、もう一方のカルノー図の同一の位置も隣り合うマスと考える。図 5.4 において ① と ② は隣り合っており、E の値のみ異なるとみなす。① は $ABCDE$ を意味し、② は $ABCD\overline{E}$ を意味する。

6 変数の場合は図 5.5 のようにさらに 2 枚のカルノー図を追加し、合計で 4 枚の 4 変数のカルノー図を用いる。4 変数のカルノー図を上下左右に 4 枚並べ、4 枚のカルノー図の同じ位置のマスは左右と上下のカルノー図の同一の位置のマスと隣り合うと考える。図 5.5 では左右の 2 枚のカルノー図を E および $\overline{E}$ に割り当て、上下の 2 枚のカルノー図を F および $\overline{F}$ を割り当てる。

① は、$ABCDEF$ を意味し、① と同一のカルノー図の ②、③、④、⑤ と隣り合う。さらに、$ABCD\overline{E}F$、$ABCDE\overline{F}$ を意味する ⑥、⑦ ともそれぞれ隣り合う。一方、$ABCD\overline{E}\overline{F}$ を意味する ⑧ とは E と F の 2 変数が異なるため隣り合わない。

変数が 7 以上の場合も原理的にはカルノー図で表現することは可能であるが、各カルノー図と変数の対応をイメージすることが困難になるため、カルノー図を用いた簡単化は実用上 6 変数が上限とされる。

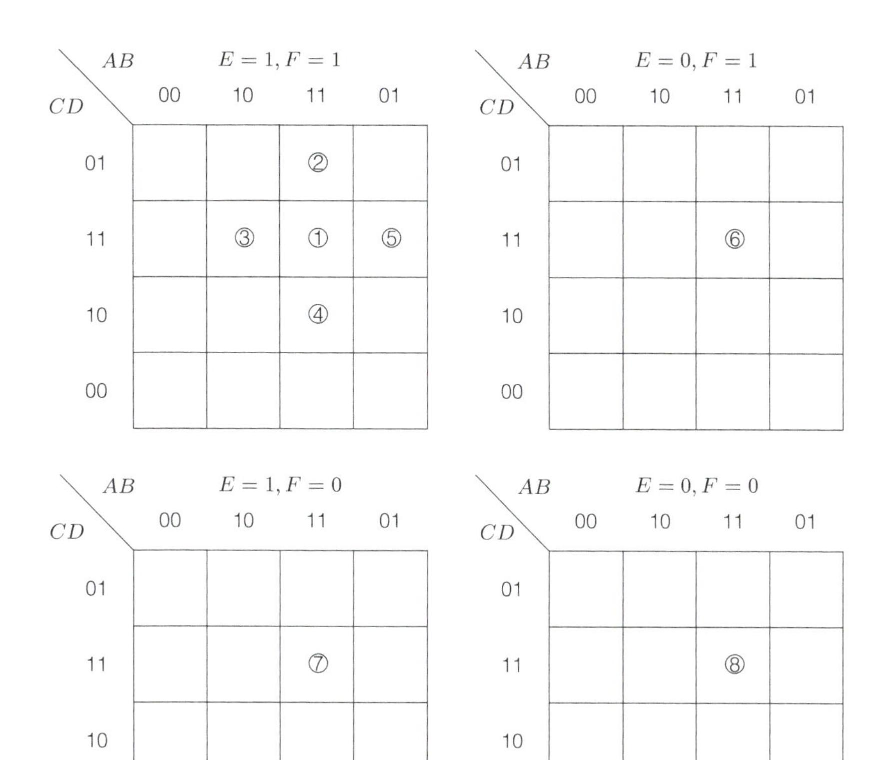

図 5.5　6 変数のカルノー図

5.2　簡単化の手順

カルノー図を用いた論理関数の例として、表 5.1 の真理値表で表される関数の簡単化を考える。図 5.6 よりこの関係は明らかに $X = A + B$ である。

表 5.1 で表される論理関数を加法標準形で表すと

$$X = A\overline{B} + \overline{A}B + AB \tag{5.1}$$

となる。まず、加法標準形の各項が対応する 2 変数のカルノー図のマスに 1 を記載する。その結果、図 5.7 を得る。次に 1 が記載されたマス目で隣り合うマス目があれば長方形で囲みグループを作る。このとき囲むマス目は縦方向およ

表 5.1　真理値表

A	B	X
0	0	0
1	0	1
0	1	1
1	1	1

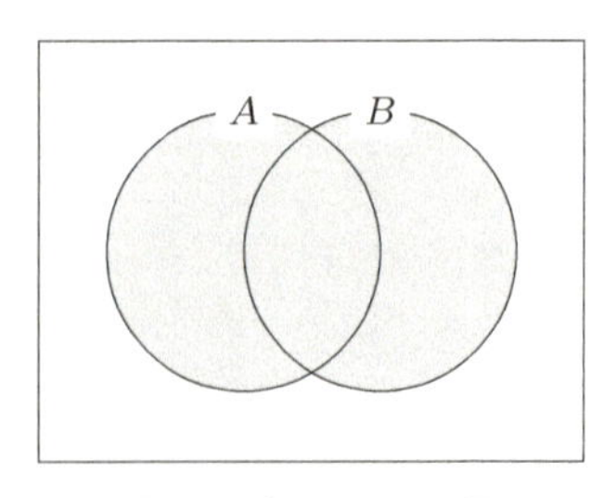

図 5.6　表 5.1 のベン図

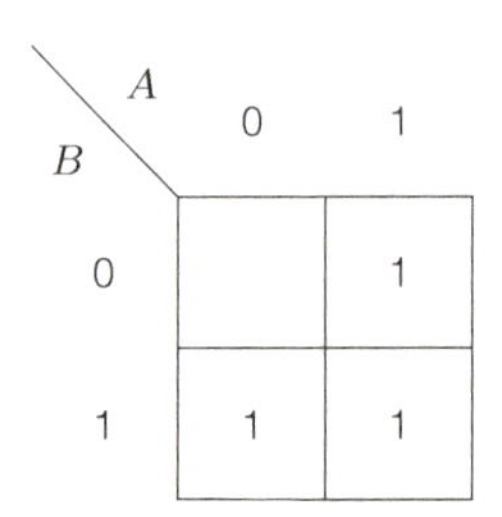

図 5.7　表 5.1 のカルノー図

び横方向に 2 のべき乗個 (2^n, $n = 0, 1, 2, \cdots$) とし、できるだけ大きい長方形で囲む。このとき、複数のグループに重複して含まれるマスがあってもよい。カルノー図の上下左右の端はつながっているため、端を挟んで囲むこともできる。この例の場合、図 5.8 のように 2 個のグループを作ることができる。関数の出力が 1 となる入力は、グループ ① またはグループ ② のいずれかに含まれる。つまり、グループ ① とグループ ② の論理和が目的の論理関数となる。ま

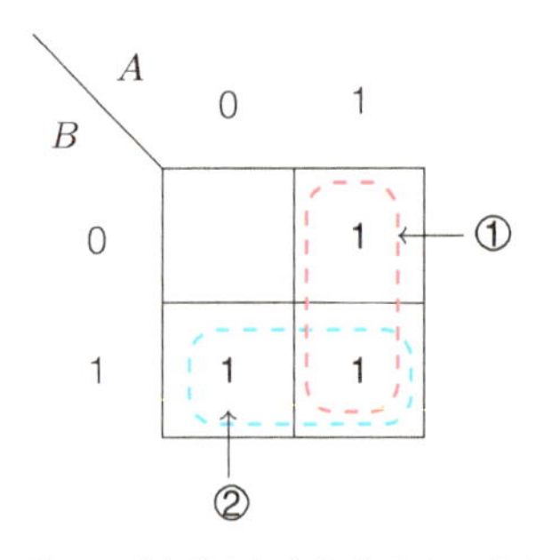

図 5.8　グループを書き加えた表 5.1 のカルノー図

ず、グループ ① は A が 1 であれば B の値は 1 であっても 0 であっても出力が 1 となることを意味している。つまりグループ ① は

$$AB + A\overline{B} = A \tag{5.2}$$

となり、A に簡単化される。一方、グループ ② は、B が 1 であれば A の値は 1 であっても 0 であっても出力が 1 となることを意味しているため、グループ ② は

$$AB + \overline{A}B = B \tag{5.3}$$

となる。目的の論理関数はこれらグループ ① とグループ ② の OR となるため

$$X = A + B \tag{5.4}$$

と得られる。

例題 5.2

次の真理値表で表される論理関数をカルノー図を用いて簡単化せよ。

表 5.2　例題の真理値表

A	B	C	X
0	0	0	1
0	0	1	0
0	1	0	0
0	1	1	0
1	0	0	1
1	0	1	1
1	1	0	1
1	1	1	0

解答

例題 4.1 より、真理値表の論理関数は次の加法標準形で表される。

$$X = \overline{A}\overline{B}\overline{C} + A\overline{B}\overline{C} + A\overline{B}C + AB\overline{C} \tag{5.5}$$

これを 3 変数のカルノー図に表すと、図 5.9 となる。

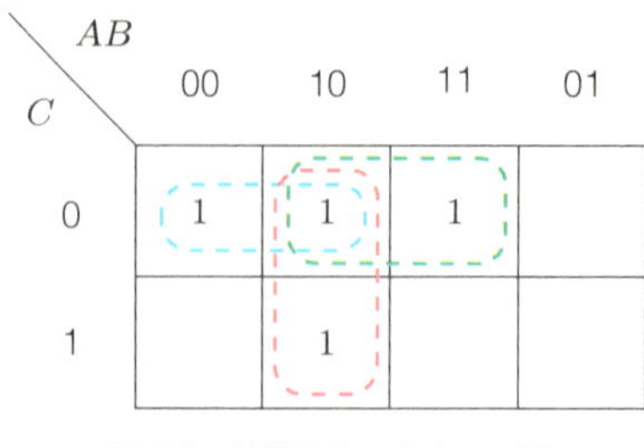

図 5.9　例題 5.2 のカルノー図

1 が入るマスの位置は 3 個のグループを作ることができるため、

$$X = \overline{B}\overline{C} + A\overline{C} + A\overline{B} \tag{5.6}$$

が得られる。

5.3　乗法標準形で表される論理関数の簡単化

カルノー図の各マスは加法標準形の各項に対応するため、カルノー図は加法標準形で表された関数の簡単化に適する。カルノー図を用いた簡単化は、得られる関数も加法形となる。簡単化したい論理関数が乗法形で表される場合には、まず、与えられた関数 X の否定をとり、ド・モルガンの定理を用いて加法形に変換する。この $\overline{X}$ のカルノー図を書き、簡単化を行う。簡単化の結果得られる $\overline{X}$ の論理関数も加法形で表されるため、再び否定をとり、ド・モルガンの定理を用いることで乗法形で表された X が得られる。

以下に手順をまとめる。

1. 乗法形の論理関数の否定をとり、ド・モルガンの定理を用いて $\overline{X}$ の加法形を得る。
2. $\overline{X}$ のカルノー図を書き、簡単化を行う。得られる論理関数は簡単化された $\overline{X}$ の加法形となる。
3. 簡単化された $\overline{X}$ の加法形の否定をとり、ド・モルガンの定理により乗法形に変形する。

例題 5.3

表 5.2 の真理値表の論理関数は乗法標準形で表すと

$$X = (A + B + \overline{C})(A + \overline{B} + C)(A + \overline{B} + \overline{C})(\overline{A} + \overline{B} + \overline{C}) \tag{5.7}$$

となる。この論理関数をカルノー図を用いて簡単化せよ。

解答

与えられた論理関数の否定をとり、ド・モルガンの定理を用いて加法形に変換する。

$$\begin{aligned}\overline{X} &= \overline{(A + B + \overline{C})(A + \overline{B} + C)(A + \overline{B} + \overline{C})(\overline{A} + \overline{B} + \overline{C})} \\ &= (\overline{A + B + \overline{C}}) + (\overline{A + \overline{B} + C}) + (\overline{A + \overline{B} + \overline{C}}) + (\overline{\overline{A} + \overline{B} + \overline{C}}) \\ &= \overline{A}\,\overline{B}C + \overline{A}B\overline{C} + \overline{A}BC + ABC \end{aligned} \tag{5.8}$$

ここまでの作業は、与えられた X の乗法標準形の各（ ）内の変数を反転した論理積を求め、それらの論理和を求めることでも機械的に求められる。

次に、この $\overline{X}$ をカルノー図上に表すと、図 5.10 が得られる。

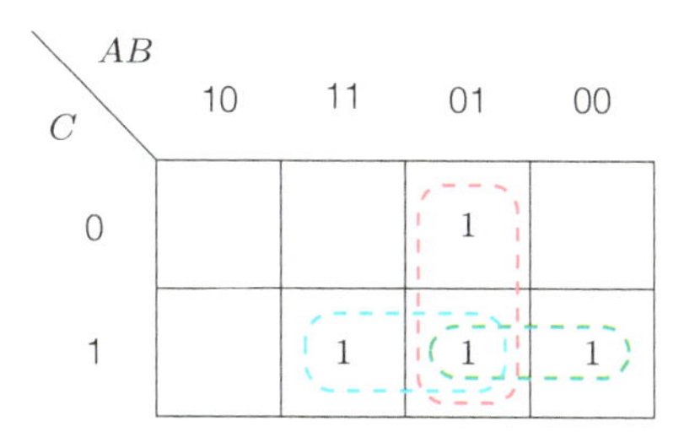

図 5.10　例題 5.3 のカルノー図

$\overline{X}$ が 1 となるマスは 3 グループに分類することができるため、

$$\overline{X} = \overline{A}B + BC + \overline{A}C \tag{5.9}$$

が得られる。この $\overline{X}$ の否定をとり、ド・モルガンの定理を用いると

$$
\begin{aligned}
X &= \overline{\overline{X}} \\
&= \overline{\overline{A}B + BC + \overline{A}C} \\
&= (\overline{\overline{A}B})(\overline{BC})(\overline{\overline{A}C}) \\
&= (A + \overline{B})(\overline{B} + \overline{C})(A + \overline{C})
\end{aligned}
\tag{5.10}
$$

を得る。

5.4 ドントケアの項がある場合の簡単化

ディジタル回路や論理式には、入力されない入力の組み合わせが存在する場合がある。このような入力の組み合わせは考慮する必要がないため、**ドントケア**（don't care）と呼ばれる。カルノー図を用いた論理回路の簡単化では、ドントケアの項を活用することで論理関数の一層の簡単化を行うことができる。

ドントケアの項を用いた論理関数の簡単化の例として、表 5.3 の真理値表で表される論理関数の簡単化を考える。ここで出力 X に ϕ を記載している $\overline{A}\overline{B}C$ と $A\overline{B}\overline{C}$ は、入力されないため出力を考慮しなくてよい入力である。この論理関数のカルノー図を図 5.11 に示す。カルノー図のドントケアの項に対応するマスには ϕ を記載する。カルノー図を用いて出力が 1 となるマスのグループを作る際にドントケアの項も 1 として扱ってグループを作ると、図 5.11 の破線で示す 3 個のグループが作れる。出力 X はこれらのグループのいずれかが入力され

表 5.3　ドントケアの項がある真理値表

A	B	C	X
0	0	0	1
0	0	1	ϕ
0	1	0	0
0	1	1	1
1	0	0	ϕ
1	0	1	1
1	1	0	1
1	1	1	0

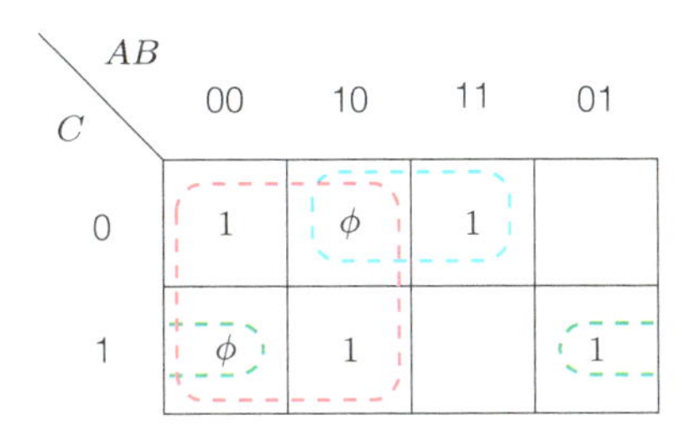

図 5.11　ドントケアの項があるカルノー図

ると 1 となる。そのため出力 X はこれらのグループの OR で表され、

$$X = \overline{B} + A\overline{C} + \overline{A}C \tag{5.11}$$

となる。一方、ドントケアの項を使用しない場合、論理関数は簡単化されず

$$X = \overline{A}\overline{B}\overline{C} + A\overline{B}C + AB\overline{C} + \overline{A}BC \tag{5.12}$$

となる。式 (5.11) と式 (5.12) の比較からドントケアの項を用いることで簡単化が実現されることがわかる。

例題 5.4

BCD 符号を 7 セグメント表示器で表示する。7 セグメント表示器とは図 5.12 に示す LED 表示器であり、7 個の LED を用いて 0 から 9 の数字を表示できる。7 セグメント表示器の各 LED の名称は図 5.12 のとおりである。BCD 符

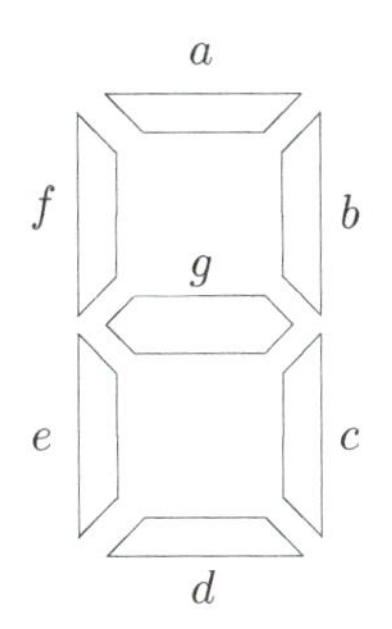

図 5.12　7 セグメント表示器

号の 4 桁のバイナリ入力 $ABCD$ に対して、点灯する LED に対応する出力を 1 とする真理値表を表せ。また、g の論理式を示せ。

解答

BCD 符号では 1010 から 1111 の入力はないため、これらはドントケアの項として扱える。真理値表は表 5.4 となる。g のカルノー図を図 5.13 に示す。ドントケアの項を用いることで g が 1 となる入力の組み合わせは 4 個のグループで表すことができ、その論理関数は

$$X = A + \overline{B}C + B\overline{D} + B\overline{C} \tag{5.13}$$

となる。

表 5.4　BCD 符号を 7 セグメント表示器に表示する真理値表

A	B	C	D	a	b	c	d	e	f	g
0	0	0	0	1	1	1	1	1	1	0
0	0	0	1	0	1	1	0	0	0	0
0	0	1	0	1	1	0	1	1	0	1
0	0	1	1	1	1	1	1	0	0	1
0	1	0	0	0	1	1	0	0	1	1
0	1	0	1	1	0	1	1	0	1	1
0	1	1	0	1	0	1	1	1	1	1
0	1	1	1	1	1	1	0	0	0	0
1	0	0	0	1	1	1	1	1	1	1
1	0	0	1	1	1	1	1	0	1	1
1	0	1	0	ϕ	ϕ	ϕ	ϕ	ϕ	ϕ	ϕ
1	0	1	1	ϕ	ϕ	ϕ	ϕ	ϕ	ϕ	ϕ
1	1	0	0	ϕ	ϕ	ϕ	ϕ	ϕ	ϕ	ϕ
1	1	0	1	ϕ	ϕ	ϕ	ϕ	ϕ	ϕ	ϕ
1	1	1	0	ϕ	ϕ	ϕ	ϕ	ϕ	ϕ	ϕ
1	1	1	1	ϕ	ϕ	ϕ	ϕ	ϕ	ϕ	ϕ

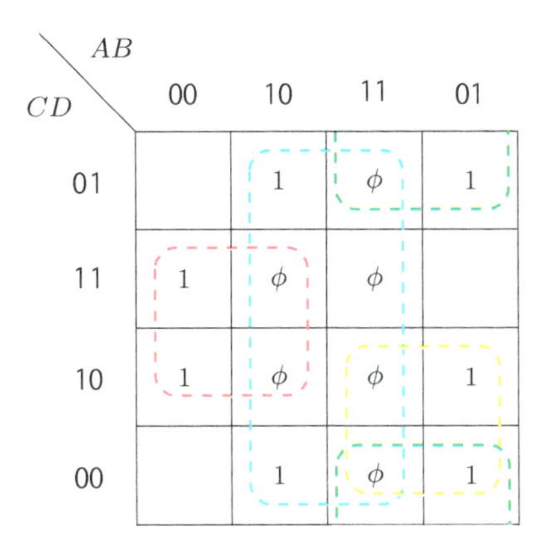

図 5.13　g のカルノー図

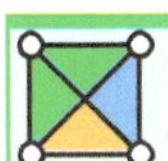

章末問題

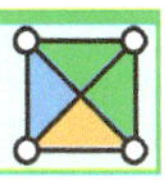

5.1 次の論理関数をカルノー図に表せ。

(1) $f(A,B) = A + \overline{A}B$　　(2) $f(A,B,C) = AB + \overline{A}B\overline{C}$

(3) $f(A,B,C) = \overline{A}BC + A\overline{B}C + AB\overline{C} + ABC$

(4) $f(A,B,C,D) = ABCD + A\overline{B}\overline{C}\overline{D} + \overline{A}\overline{B}\overline{C}D + A\overline{B}\overline{C}D$

5.2 次のカルノー図で表される論理関数をかけ。

(1)

CD \ AB	00	10	11	01
01		1		
11		1		
10		1	1	1
00		1	1	

(2)

CD \ AB	00	10	11	01
01				
11	1	1	1	
10	1	1	1	
00				

5.3 次の論理関数をカルノー図を用いて簡単化せよ。

(1) $X = A\overline{B}C + A\overline{B}\,\overline{C} + \overline{A}B\overline{C} + \overline{A}BC$

(2) $X = ACB + AB\overline{C} + \overline{A}BC + A\overline{B}C$

(3) $X = (\overline{A} + B + C)(\overline{A} + \overline{B} + C)(A + \overline{B} + C)$

5.4 次の真理値表をカルノー図を用いて簡単化せよ。

(1)

A	B	C	X
0	0	0	1
0	0	1	0
0	1	0	1
0	1	1	0
1	0	0	1
1	0	1	0
1	1	0	1
1	1	1	1

(2)

A	B	C	X
0	0	0	0
0	0	1	0
0	1	0	0
0	1	1	0
1	0	0	1
1	0	1	1
1	1	0	0
1	1	1	1

5.5 例題 5.4 の 7 セグメント表示器について以下の問いに答えよ。

(1) ドントケアの入力を考慮せずに e の論理式を求めよ。

(2) ドントケアの入力を考慮して e の論理式を求めよ。

(3) g と e を除くすべての論理式を求めよ。

ベン図は地味だが役に立つ

ブール代数を視覚的に理解できるベン図は、ディジタル回路の設計以外にも以下のような問題を解く場合に役立つ。

問題

「ある会社の社員を調査したところ、 A 研修を受講した人は 60 人、 B 研修を受講した人は 40 人、 C 研修を受講した人は 50 人であった。さらに、 A と B 両方を受講した人は 15 人、 B と C 両方を受講した人は 10 人、 A と C 両方を受講した人は 12 人、 A と B と C のすべてを受講した人は 5 人である」

(1) A 研修のみ受講した人は何人か。

(2) A 研修を受講していない人は何人か。

(3) 3 種類の研修のうち、いずれか 2 研修を受講している人は何人か。

解き方

1. A、B、C の各研修を受講した人数を円で表すベン図を作成する。
2. A、B、C の研修をすべて受講した人数を対応する領域に書き込む。この例では ABC に相当する領域に 5 を記入する。
3. 2 領域が重複する部分の人数を入れる。この例では A 研修と B 研修を両方受けた人数が 15 名であるから、15 名から A 研修と B 研修と C 研修をすべて受講した 5 名を引いた 10 名を $AB\overline{C}$ の領域に記載する（赤字)。同様に $\overline{A}BC$ と $A\overline{B}C$ の領域にも記載する。
4. 残りの部分（A、B、C の円のみの領域）にも人数を書き込む。
5. 設問に対応する人数を求める。

解答

(1) A 研修のみ受講した人は $A\overline{B}\overline{C}$ に対応するから、38 名となる。

(2) A 研修を受講していない人は $\overline{A}$ である。この例では $\overline{A} = \overline{A}B\overline{C}+\overline{A}BC+\overline{A}\overline{B}C$ となるから、58 名となる。

(3) $AB\overline{C} + A\overline{B}C + \overline{A}BC$ となるから、22 名となる。

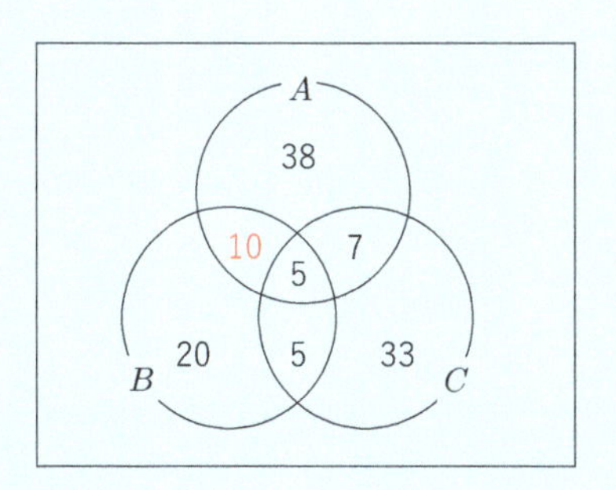

図 5.14 研修を受けた人数を表すベン図

この問題は公務員試験を参考に作成した。公務員試験に限らず、入社試験などで論理的な思考を問う問題として類似の問題が出題されることがある。ベン図の理解は思わぬところであなたの助けになるかもしれない。

第6章 クワイン・マクラスキー法

第5章で学んだカルノー図を用いた方法は、4変数を超えると直感的な理解が難しくなる。また、簡単化の結果得られる論理関数は論理変数のグループ分けの仕方に依存するため、最も簡単な論理関数が得られない場合もある。これに対して、アルゴリズムに従って機械的に簡単化を行う**クワイン・マクラスキー法**（Quine-McCluskey algorithm）がある。クワイン・マクラスキー法は入力変数が多い複雑な論理関数の簡単化に適し、コンピュータを用いた簡単化にも応用が可能である。

本章のポイント

- クワイン・マクラスキー法は、最小項から主項を作り出す操作と必要十分な主項を選択する操作の2段階の操作に大別される。
- 主項を作り出す操作では、隣り合うグループから1変数のみ異なる組み合わせをすべて見つけ、その変数を省略する。
- 必要十分な主項を選択する操作では、すべての必須主項を選択したあと、選択された主項に含まれない最小項が存在する場合にはすべての最小項が含まれるように主項を追加する。選択した主項の論理和がもとの関数を表す論理式となる。

6.1 クワイン・マクラスキー法の手順

クワイン・マクラスキー法の手順を以下に示す。

手順 1 ： 論理関数の準備：簡単化する論理関数を加法標準形で表現する。

手順 2 ： 最小項の書き出し：加法標準形を構成する各項を書き出す。この各項を**最小項**と呼ぶ。

手順 3 ： 最小項のグループ化：最小項を、その項に含まれる 1 の数ごとにグループに分ける。

手順 4 ： 最小項の結合：1 変数だけ値が異なる 2 個の最小項の組を見つける。この 2 個の最小項は、値の異なる変数以外の論理積に簡単化できる。

手順 5 ： 主項の書き出し：これ以上簡単化できる組み合わせがなくなった各項を**主項**と呼ぶ。主項に同じ項が複数現れる場合には同一の項であるとみなす。目的の論理関数は主項の論理和で表すことができる。

手順 6 ： 主項の選択：1 個の主項のみを含む最小項が存在する場合、その主項を**必須主項**と呼ぶ。すべての必須主項の論理和にすべての最小項が含まれるか確認する。含まれない最小項がある場合には、すべての最小項が含まれるように主項を追加する。

手順 7 ： 必須主項と選択された主項の論理和が、最終的な簡単化された論理関数となる。

以上の手順を、表 6.1 の真理値表で表される論理関数に適用して簡単化を行う。

表 6.1　簡単化を行う論理関数の真理値表

A	B	C	X
0	0	0	0
0	0	1	1
0	1	0	1
0	1	1	1
1	0	0	0
1	0	1	1
1	1	0	0
1	1	1	0

まず、表 6.1 で表される論理関数を加法標準形で表現する。X が 1 となる入力の組み合わせを論理和で表し、目的とする論理関数の加法標準形

$$X = A\overline{B}C + \overline{A}B\overline{C} + \overline{A}BC + \overline{A}\overline{B}C \tag{6.1}$$

を得る（手順 1）。ここで加法標準形を構成する各項の $A\overline{B}C$、$\overline{A}B\overline{C}$、$\overline{A}BC$、$\overline{A}\overline{B}C$ が最小項である（手順 2）。最小項を、その項に含まれる 1 の数ごとにグループに分けると、表 6.2 に示すように 4 グループに分類できる。ここでグループ n は、1 となる変数を n 個含む最小項のグループである。例えばグループ 1 は、1 である変数が 1 個である $\overline{A}B\overline{C}$、$\overline{A}\overline{B}C$ の 2 個の最小項を含む（手順 3）。

表 6.2　表 6.1 の最小項の簡単化

グループ	最小項	2 変数項	主項
グループ 0	なし		
グループ 1	$\overline{A}B\overline{C}$ $\overline{A}\overline{B}C$	$\overline{A}B$ $\overline{A}C$ $\overline{B}C$	$\overline{A}B$ $\overline{A}C$ $\overline{B}C$
グループ 2	$A\overline{B}C$ $\overline{A}BC$		
グループ 3	なし		

次に、1 変数だけ値が異なる 2 個の最小項の組を見つけ、簡単化する。1 変数だけ値が異なる 2 個の最小項は必ず隣り合うグループに含まれる。グループ 1 に含まれる最小項と 1 変数だけ値が異なる最小項はグループ 0 またはグループ 2 に含まれる。しかし、表 6.2 の場合はグループ 0 およびグループ 3 に含まれる最小項はないため、グループ 1 に含まれる最小項と 1 変数だけ値が異なる最小項はグループ 2 に含まれる。表 6.2 の例では、1 変数のみ異なる 2 個の最小項の組み合わせは $\overline{A}\overline{B}C$ と $\overline{A}BC$、$\overline{A}B\overline{C}$ と $\overline{A}BC$、$\overline{A}\overline{B}C$ と $A\overline{B}C$ の 3 組となる。これらの組み合わせにおいて異なる変数を省略する。$\overline{A}\overline{B}C$ と $\overline{A}BC$ は $\overline{A}C$ に、$\overline{A}B\overline{C}$ と $\overline{A}BC$ は $\overline{A}B$ に、$\overline{A}\overline{B}C$ と $A\overline{B}C$ は $\overline{B}C$ にそれぞれ簡単化する。

これらの簡単化の結果を 3 列目「2 変数項」に記載する（手順 4）。簡単化した各項も含む 1 の数に応じてグループ分けする。簡単化された項についても、これ以上簡単化できなくなるまで手順 4 に従い簡単化する。この例では、各項から 1 変数を消去するとこれ以上簡単化ができなくなる。最小項および簡単化した項のうち、簡単化に用いられていない項を主項と呼ぶ。この例では、すべての最小項が簡単化されており、簡単化した項の $\overline{A}B$、$\overline{A}C$、$\overline{B}C$ はいずれもそ

表 6.3　（手順 6）主項の選択

	$\overline{A}B$	$\overline{A}C$	$\overline{B}C$
$\overline{A}B\overline{C}$	◎		
$\overline{A}\overline{B}C$		○	○
$A\overline{B}C$			◎
$\overline{A}BC$	○	○	

れ以上簡単化されていないため、$\overline{A}B$、$\overline{A}C$、$\overline{B}C$ がこの論理関数の主項となる（手順 5）。

目的の論理関数は、簡単化の結果

$$X = \overline{A}B + \overline{A}C + \overline{B}C \tag{6.2}$$

と表される。しかし、この論理関数もまだ冗長な項を含む可能性がある。必要十分な主項のみの論理和とするため、表 6.3 を作成する。表 6.3 は第 1 列に最小項を列挙し、1 行目に主項を記載している。各最小項に主項が含まれる場合には対応するマスに○を記載する。ここで主項を 1 個だけ含む最小項に着目する。

この例では、$\overline{A}B\overline{C}$ に含まれる主項は $\overline{A}B$ のみである。そこで対応するマスに◎を記入する。同様に、$A\overline{B}C$ に含まれる主項も $\overline{B}C$ のみである。これらの主項（$\overline{A}B$ および $\overline{B}C$）を必須主項と呼び、簡単化した論理関数には必ず含まれる（手順 6）。簡単化した論理関数を必須主項の論理和

$$X = \overline{A}B + \overline{B}C \tag{6.3}$$

とした場合に含まれない最小項がある場合、その最小項を含む主項を必須主項の論理和に加える。必須主項および主項の論理和にすべての最小項が含まれたら、その論理和が簡単化された論理関数となる（手順 7）。この例では $\overline{A}B$ と $\overline{B}C$ の論理和にすべての最小項が含まれるため、目的の論理関数は

$$X = \overline{A}B + \overline{B}C \tag{6.4}$$

となり、主項 $\overline{A}C$ は冗長な項であることがわかる。

例題 6.1

表 6.4 の真理値表で与えられる論理関数をクワイン・マクラスキー法を用いて簡単化せよ。

表 6.4 例題 6.1 の真理値表

A	B	C	X
0	0	0	1
0	0	1	0
0	1	0	0
0	1	1	0
1	0	0	1
1	0	1	1
1	1	0	1
1	1	1	0

解答

表 6.4 の論理関数を加法標準形で表すと

$$X = \overline{A}\,\overline{B}\,\overline{C} + A\overline{B}\,\overline{C} + A\overline{B}C + AB\overline{C} \tag{6.5}$$

が得られる。次に表 6.5 を用いて簡単化を行う。その結果、主項として $\overline{B}\,\overline{C}$、$A\overline{C}$、$A\overline{B}$ が得られる。

表 6.5 表 6.4 の最小項の簡単化

グループ	最小項	2 変数項	主項
グループ 0	$\overline{A}\,\overline{B}\,\overline{C}$	$\overline{B}\,\overline{C}$	$\overline{B}\,\overline{C}$
グループ 1	$A\overline{B}\,\overline{C}$	$A\overline{B}$ $A\overline{C}$	$A\overline{B}$ $A\overline{C}$
グループ 2	$A\overline{B}C$ $AB\overline{C}$		
グループ 3	なし		

最後に、表 6.6 を用いて主項の選択を行う。

簡単化により得られた主項はいずれも必須主項であるため、目的の論理関数は

表 6.6　表 6.5 で得られた主項の選択

	$\overline{B}\overline{C}$	$A\overline{C}$	$A\overline{B}$
$\overline{A}\overline{B}\overline{C}$	◎		
$A\overline{B}\overline{C}$	○	○	○
$A\overline{B}C$			◎
$AB\overline{C}$		◎	

$$X = \overline{B}\overline{C} + A\overline{C} + A\overline{B} \tag{6.6}$$

となる。例題 5.2 でカルノー図を用いた場合と同じ結果が得られることがわかる。

6.2　ドントケアの項がある場合のクワイン・マクラスキー法

ドントケアの項がある場合も、クワイン・マクラスキー法を用いて同様の手順で簡単化ができる。手順 3 において、表（表 6.2 に相当）を用いて最小項のグループ分けをする際に、ドントケアの項も含めて表を作成する。この表を用いて手順 4 および 5 を実施し簡単化を行い、主項を書き出す。手順 6 で主項を選択する際には、ドントケアの項を除いた最小項のみで表（表 6.3 に相当）を作成すればよい。

例題 6.2

表 6.7 で表される論理関数をクワイン・マクラスキー法を用いて簡単化せよ。

表 6.7　ドントケアの項がある真理値表

A	B	C	X
0	0	0	1
0	0	1	ϕ
0	1	0	0
0	1	1	1
1	0	0	ϕ
1	0	1	1
1	1	0	1
1	1	1	0

解答

まず、表6.8を用いて簡単化を行う。この際、ドントケアの項も最小項と同様に表に加える。ここでは ( ) 付きで記載する。簡単化の手順はドントケアの項が含まれない場合と同様である。ドントケアの項のみから簡単化された項には ( ) をつける（ただし、この例では存在しない）。簡単化の結果得られた項のうち、ドントケアの項のみから作成された ( ) がついた項は主項に含めない。この例では、主項として $\overline{B}$、$\overline{A}C$、$A\overline{C}$ を得る。

表 6.8　表 6.7 の最小項の簡単化

グループ	最小項	2 変数項	1 変数項	主項
グループ 0	$\overline{A}\overline{B}\overline{C}$	$\overline{B}\overline{C}$ $\overline{A}\overline{B}$	$\overline{B}$ $\overline{B}$	$\overline{B}$
グループ 1	$(\overline{A}\overline{B}C)$ $(A\overline{B}\overline{C})$ $\overline{A}BC$	$\overline{A}C$ $\overline{B}C$ $A\overline{B}$ $A\overline{C}$		$\overline{A}C$ $A\overline{C}$
グループ 2	$A\overline{B}C$ $AB\overline{C}$			
グループ 3	なし			

次に、表6.9を用いて主項の選択を行う。この際、最小項には表6.7の最小項のみを記載し、ドントケアの項は含めない。主項の選択の手順はドントケアの項を用いない場合と同一である。例の場合には必須主項にすべての最小項が含まれるため、

$$X = \overline{B} + \overline{A}C + A\overline{C} \tag{6.7}$$

が簡単化された論理式となる。これは5.4節でカルノー図を用いて簡単化した結果と等しい。

表 6.9　表 6.8 で得られた主項の選択

	$\overline{B}$	$A\overline{C}$	$\overline{A}C$
$\overline{A}\overline{B}\overline{C}$	◎		
$\overline{A}BC$			◎
$A\overline{B}C$	◎		
$AB\overline{C}$		◎	

例題 6.3

論理関数

$$X = \overline{A}\,\overline{B}\,\overline{C}\,\overline{D} + \overline{A}\,\overline{B}C\overline{D} + A\overline{B}\,\overline{C}\,\overline{D} + \overline{A}B\overline{C}D + A\overline{B}\,\overline{C}D + A\overline{B}C\overline{D} + \overline{A}BCD \tag{6.8}$$

を簡単化せよ。

解答

表 6.10 と表 6.11 を用いて簡単化を行い、

$$X = \overline{B}\,\overline{D} + A\overline{B}\,\overline{C} + \overline{A}BD$$

を得る。

表 6.10　例題 6.3 の最小項の簡単化

グループ	最小項	3 変数項	2 変数項	主項
グループ 0	$\overline{A}\,\overline{B}\,\overline{C}\,\overline{D}$	$\overline{A}\,\overline{B}\,\overline{D}$	$\overline{B}\,\overline{D}$	$\overline{B}\,\overline{D}$
		$\overline{B}\,\overline{C}\,\overline{D}$	$\overline{B}\,\overline{D}$	
グループ 1	$\overline{A}\,\overline{B}C\overline{D}$	$\overline{B}C\overline{D}$		
	$A\overline{B}\,\overline{C}\,\overline{D}$	$A\overline{B}\,\overline{C}$		$A\overline{B}\,\overline{C}$
		$A\overline{B}\,\overline{D}$		
グループ 2	$\overline{A}B\overline{C}D$	$\overline{A}BD$		$\overline{A}BD$
	$A\overline{B}\,\overline{C}D$			
	$A\overline{B}C\overline{D}$			
グループ 3	$\overline{A}BCD$			

表 6.11　表 6.10 で得られた主項の選択

	$\overline{B}\,\overline{D}$	$A\overline{B}\,\overline{C}$	$\overline{A}BD$
$\overline{A}\,\overline{B}\,\overline{C}\,\overline{D}$	◎		
$\overline{A}\,\overline{B}C\overline{D}$	◎		
$A\overline{B}\,\overline{C}\,\overline{D}$	○	○	
$\overline{A}B\overline{C}D$			◎
$A\overline{B}\,\overline{C}D$		◎	
$A\overline{B}C\overline{D}$	◎		
$\overline{A}BCD$			◎

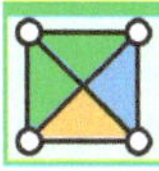

章末問題

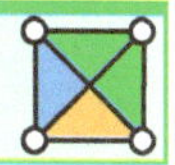

6.1 最小項および主項について説明せよ。

6.2 次の論理関数をクワイン・マクラスキー法を用いて簡単化せよ。

(1) $X = \overline{A}\,\overline{B}\,\overline{C}D + \overline{A}B\overline{C}\,\overline{D} + \overline{A}B\overline{C}D + AB\overline{C}D + ABCD + ABC\overline{D} + A\overline{B}\,\overline{C}D + A\overline{B}CD + A\overline{B}C\overline{D}$

(2) $X = \overline{A}\,\overline{B}\,\overline{C}\,\overline{D} + \overline{A}\,\overline{B}\,\overline{C}D + \overline{A}\,\overline{B}C\overline{D} + \overline{A}B\overline{C}D + \overline{A}BC\overline{D} + \overline{A}BCD + A\overline{B}\,\overline{C}\,\overline{D} + A\overline{B}\,\overline{C}D + A\overline{B}C\overline{D} + ABC\overline{D}$

6.3 次の真理値表で与えられる論理関数をクワイン・マクラスキー法を用いて簡単化せよ。ただし、ϕ はドントケアである。

A	B	C	D	X
0	0	0	0	0
0	0	0	1	1
0	0	1	0	0
0	0	1	1	ϕ
0	1	0	0	1
0	1	0	1	1
0	1	1	0	0
0	1	1	1	ϕ
1	0	0	0	0
1	0	0	1	1
1	0	1	0	1
1	0	1	1	ϕ
1	1	0	0	0
1	1	0	1	1
1	1	1	0	1
1	1	1	1	ϕ

EDA ツールが使えればそれでいい？

現代のディジタル回路の多くは集積回路として実現される。集積回路設計では、EDA（Electronic Design Automation）ツールが活用される。EDA ツールは回路設計、シミュレーション、検証を自動化し、設計者が効率的に回路を開発できる環境を提供する。論理合成や配置配線、タイミング検証など、多くの工程をソフトウェアが行うため、従来に比べて設計効率は飛躍的に向上している。目的とする論理関数は EDA ツールが簡単化して回路として生成する。しかし、手作業による簡単化の方法を学ぶ必要がないわけではない。むしろ、その重要性は増している。

論理関数の簡単化手法を理解しない設計者は、ツールが生成した回路の妥当性を正しく評価できない。ツールが生成する回路は冗長であったり、特定の制約や設計方針を満たしていない場合がある。このような場合に、設計者が手動で検証し、必要な制約を満たしたうえで不要なゲートを取り除くことができると、回路のサイズや消費電力の削減が可能になる。また、EDA ツールがどのようなアルゴリズムで論理を簡単化しているかを理解することで、EDA ツールに問題が生じた際にツールの設定を適切に調整できる。ツールによっては見落とされがちな例外的なパターンや設計上の特殊要件にも柔軟に対処できる。EDA 自体を開発するエンジニアにとっては、より優れたアルゴリズムを実現するために、基礎となる簡単化の知識が必要となることはいうまでもない。

このように自動化が進んだ時代だからこそ、論理関数の簡単化の理解の重要度は増している。ディジタル回路設計者にとって論理関数の簡単化は必須の技術の一つである。

第7章 基本論理ゲート

本章では、論理演算を実現するディジタル回路（ハードウェア）について学ぶ。NOT、AND、OR などの論理演算を実現する素子を**論理ゲート**（logic gate）と呼ぶ。論理ゲートを組み合わせると、より複雑な論理関数も実現することができる。論理ゲートは MOSFET を用いた集積回路として実現される。本章ではまず、MOSFET の構造や動作について学び、次に種々の論理ゲートを実現する回路構成、およびその図記号を学ぶ。

本章のポイント

- 論理演算を実現する論理ゲートは MOSFET を用いて実現される。
- MOSFET はゲート端子の電位で導通と遮断を制御できるスイッチである。
- MOSFET を用いると NOT、NAND、NOR が実現できる。
- NAND と NOR はそれのみで NOT、OR、AND の論理演算を実現できる。
- 論理ゲートを組み合わせることであらゆる論理回路が実現できる。

7.1 MOSFET

7.1.1 構造

MOSFET は**電界効果トランジスタ**（**FET**：Feild Effect Transistor）の一種

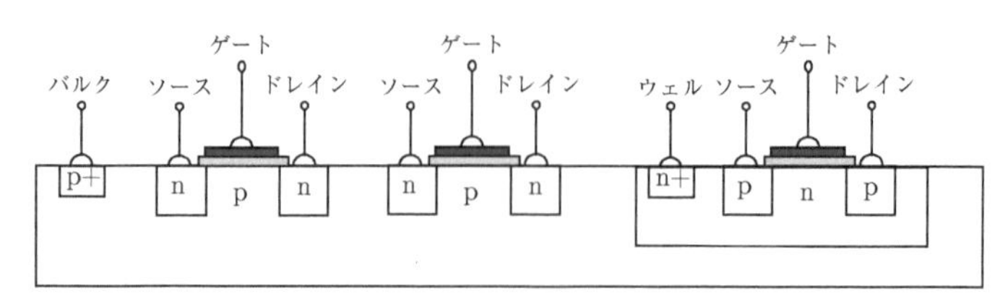

図7.1　MOSFET（プレーナ型）の構造

であり、集積回路やパワーエレクトロニクス用途のスイッチング素子として広く用いられる。集積回路で用いられるMOSFETの構造を図7.1に示す。図7.1には半導体基板上に合計3個のMOSFETが記載されている。

左から2個のMOSFETはnチャネルMOSFETであり、最も右のMOSFETがpチャネルMOSFETである。nチャネルMOSFETはp型半導体の基板の上にn型半導体のソース領域とドレイン領域が作られ、ソース領域とドレイン領域の間の半導体（Semiconductor）の上に酸化物（Oxide）と金属（Metal）が積層された構造をしている*1。半導体、酸化物、金属の積層構造をその頭文字から**MOS構造**と呼ぶ。pチャネルMOSFETは、基板およびドレインとソースのn型半導体とp型半導体を入れ替えたMOSFETである。集積回路の基板はp型半導体であるため、pチャネルMOSFETはp型半導体の基板上にn型半導体の領域（**nウェル**と呼ぶ）を作り、その中に実現する。ドレインとソースの間を流れる電流が基板に流れ出ることを避けるため、nチャネルMOSFETの**バルク**（基板、サブストレートなどとも呼ぶ）は回路内の最低電位に接続し、ドレインおよびソースと基板は逆バイアス状態で用いる。同様の理由でpチャネルMOSFETのウェルは最高電位に接続して用いる*2。

図7.2にMOSFETの図記号を示す。図7.2（a）の矢印が記載されている端子がソースであり、矢印の向きに電流が流れる。図7.2（b）の記号では図からドレイン端子とソース端子の区別をつけることができない。nチャネルMOSFETの場合、電位が高い端子がドレインであり、電位の低い端子がソースである。一方、pチャネルMOSFETの場合、電位が高い端子がソースであり、電位の低い端子がドレインである。しかし、ディジタル回路ではMOSFETはスイッチ

*1　現在、ゲートは金属ではなくポリシリコンで作られることが多い。

*2　p型半導体とn型半導体が隣接して存在する構造をpn接合と呼ぶ。pn接合のp型半導体が負に、n型半導体が正になるように電圧を加えることを逆バイアスと呼ぶ。このときpn接合に電流は流れない。

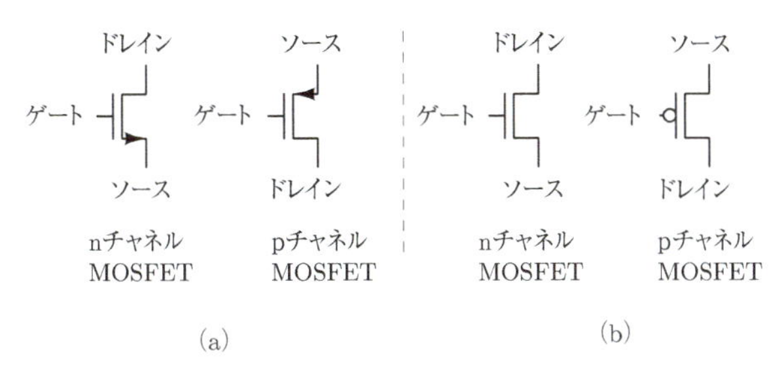

図 7.2　MOSFET の図記号

として用いるため、ドレインとソースの違いを意識する必要はない*3。

7.1.2 動作原理

MOFSET は、ドレインとソースの間の導通（オン）と遮断（オフ）を切り替えるスイッチとして動作する。MOSFET の導通と遮断は、ゲート端子に加える電圧 V_G で制御される。ディジタル回路では、MOSFET のゲートに 0 V または電源電圧（MOSFET 回路の電源電圧は通常 V_{DD} と表記される）のいずれかの電圧を加えて用いる。

まず、n チャネル MOSFET の動作について説明する。V_G が 0 V であるとき、ドレインとソースの間には電流が流れる経路（チャネル）が存在しないため、MOSFET は遮断となる。このとき、ドレインとソースの間に大きな電圧を加えてもドレインとソースの間には電流は流れない。次に、V_G が V_{DD} の場合を考える。ゲートの下に存在する酸化物は絶縁体であるから、MOS 構造部分は容量（コンデンサ）として動作する。ゲートに正の電圧を加えると酸化膜の直下の p 型半導体の表面近くに自由電子が誘導される。V_G が増加し V_G がしきい電圧 V_T を超えると、ゲートの下の半導体に含まれる自由電子の数が正孔の数を上回り、p 型半導体は n 型半導体となる。このゲート酸化膜の下に形成される n 型半導体の層を**チャネル**（channel）と呼ぶ。チャネルが形成されるとドレインとソースは連続する n 型半導体となるため、ドレインとソースの間に電圧を加えると電流が流れる。つまり、MOSFET は導通となる。通常、V_{DD} は V_T より十分に大きいため、V_G を V_{DD} とすると MOSFET は導通状態となる。

*3　アナログ回路では MOSFET に常時電流を流し、その大きさをゲート・ソース間電圧で制御して用いるため、ドレインとソースは区別する必要が生ずる。

p チャネル MOSFET は、n チャネル MOSFET の場合とゲート電位 V_G とスイッチの状態の関係が逆となる。p チャネル MOSFET は、ゲート電位が 0 V であるときチャネルが形成され MOSFET が導通となり、V_{DD} となるときに遮断するスイッチとして動作する。p チャネル MOSFET は、基板端子を最高電位に接続して用いるため、ゲート電位を 0 V とするとゲート酸化物の下の n 型半導体に正孔が誘導され、ゲート酸化物の下の n 型半導体が p 型半導体となり、ドレインとソースの間に電流経路が形成される。ゲート電位を V_{DD} とするとチャネルは消滅し、MOSFET は遮断状態となる。これまでに述べた MOSFET の状態と V_G の関係を表 7.1 にまとめる。MOSFET のゲートには、導通、遮断のいずれの状態であっても直流電流は流れない。この特徴は MOSFET がディジタル回路で広く用いられる理由の一つである*4。

表 7.1　各 MOSFET のゲート電位と動作の関係

	$V_G = 0\,\mathrm{V}$	$V_G = V_{DD}$
n チャネル MOSFET	オフ（遮断）	オン（導通）
p チャネル MOSFET	オン（導通）	オフ（遮断）

7.2　基本論理ゲートの構造と記号

7.2.1　否定（NOT）

論理否定（NOT）を実現する論理ゲートの構成を図 7.3 に示す。NOT は、電源電圧 V_{DD} と接地（0 V）の間に p チャネル MOSFET と n チャネル MOSFET を 1 個ずつ用いて実現される。p チャネル MOSFET と n チャネル MOSFET のゲート同士とドレイン同士は接続される。ゲートを入力として用い、ドレイン端子を出力として用いる。NOT に限らず、論理ゲートの入力端子にはゲート端子が用いられる。そのため、論理ゲートの入力端子には定常的な電流は流れない*5。

*4　この特徴のため、 MOSFET で実現したディジタル回路は定常電流が流れず、低消費電力となる。
*5　MOSFET のゲートはコンデンサを構成しているため、 MOSFET をスイッチングする際に過渡的な電流は流れる。

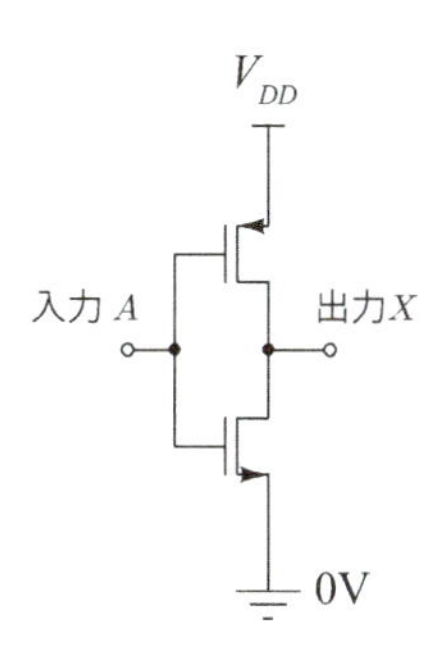

図 7.3　NOT の回路図

ディジタル回路では、電源電圧（V_{DD}）と 0 V をそれぞれ High、Low と表現する。入力 A が Low（低電圧）の場合、p チャネル MOSFET は導通となるため出力端子は電源電圧に短絡される。このとき、n チャネル MOSFET のゲート電位（V_G）はしきい値以下であるため、n チャネル MOSFET は遮断となる。出力 X は V_{DD} と短絡されるため、X は High となる。入力 A が High となると、p チャネル MOSFET は遮断状態となる。このとき n チャネル MOSFET は導通するため、出力 X は Low となる。以上より、図 7.3 の回路は Low を入力すると High を出力し、High を入力すると Low を出力することがわかる。通常、ディジタル回路では電圧の High および Low にそれぞれ 1 または 0 を割り当てる。電圧の High および Low にそれぞれ 1 または 0 を割り当てると、図 7.3 の回路は NOT の論理関数を実現する回路となる。

NOT は図 7.4 の図記号で表す。図 7.4（a）と（b）はいずれも入力された論理値を反転する NOT[*6] を表す。NOT を含む多段の回路において、NOT の入力が 1 となるときに最終的な出力が 1 となる場合には図 7.4（a）を用い、NOT の入力が 0 となるときに最終的な出力が 1 となる場合には図 7.4（b）を用いる。このように回路図をかくと、○がついていない節点が 1 となると出力は 1 とな

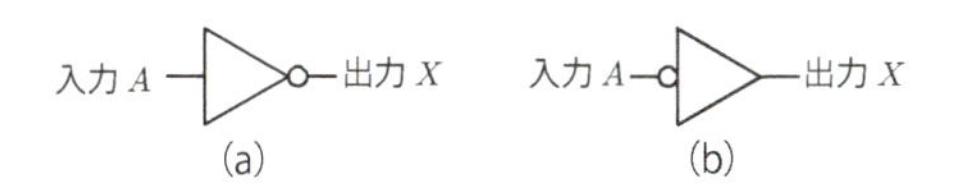

図 7.4　NOT の図記号

*6　NOT は入力を反転して出力するため、インバータとも呼ばれる。

り、○がついている節点が 0 となると出力が 1 となるため、論理回路の各節点が 0 または 1 のいずれのときに出力が 1 となるかが明確になる。前者の節点の論理を**正論理**（positive logic）と呼び、後者を**負論理**（negative logic）と呼ぶ。

例題 7.1

NOT は、入力が High のときも Low のときも 2 個の MOSFET には定常的な電流が流れないことを説明せよ。

解答

NOT は、電源と接地の間に p チャネル MOSFET と n チャネル MOSFET で実現された 2 個のスイッチを配置した構成である。p チャネル MOSFET と n チャネル MOSFET はゲート電位に応じていずれか一方のみが導通し、もう一方は遮断となる。2 個のスイッチがともに導通することがないため、入力が High のときも Low のときも電源から接地の間を貫通する電流は流れない。

NOT は出力状態が変わるときの過渡的な状態のみ電流が流れ、電力を消費する。入出力が変化しないときは電力を消費しない。これは NOT に限らずすべての論理ゲートに共通する特徴であり、ディジタル回路が大規模であっても低消費電力となる理由である。

7.2.2　否定論理積（NAND）

NOT と同様に集積回路上に直接実現可能な論理ゲートに NAND と NOR がある。AND および OR は集積回路として直接は実現できず、それぞれ NAND と NOR の出力に NOT を接続することで実現される。そこで、次に否定論理積を実現する NAND について説明する。

図 7.5 に NAND の回路図を示す。NAND は n チャネル MOSFET と p チャネル MOSFET をそれぞれ 2 個ずつ用いる。n チャネル MOSFET と p チャネル MOSFET のゲートは接続され、2 個の入力端子として用いる。

入力 A と入力 B がともに Low の場合、2 個の p チャネル MOSFET はとも

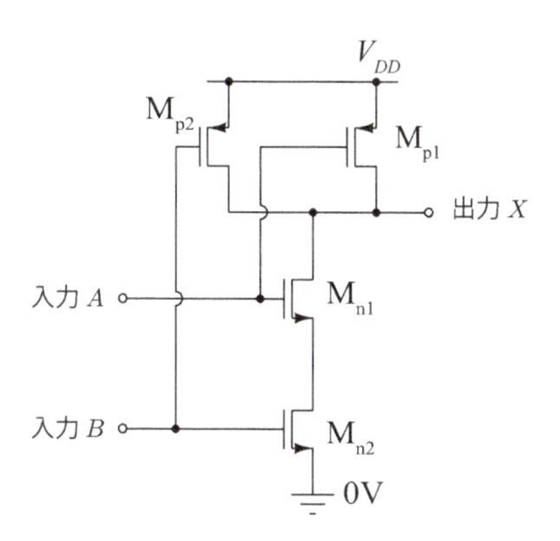

図 7.5　NAND の回路図

に導通となる。一方、n チャネル MOSFET はともに遮断となる。p チャネル MOSFET が導通であるため、出力（X）は V_{DD} に短絡され High となる。入力 A が Low であり入力 B が High の場合、p チャネル MOSFET である $\mathrm{M_{p1}}$ が導通となり $\mathrm{M_{p2}}$ は遮断となる。このとき、n チャネル MOSFET である $\mathrm{M_{n1}}$ は遮断状態となり、$\mathrm{M_{n2}}$ は導通状態になる。一方の p チャネル MOSFET が導通であるため、出力は V_{DD} に短絡され出力 X はやはり High となる。High となる入力を入れ替え、入力 A を High とし、入力 B を Low とする場合も、2 個の p チャネル MOSFET および n チャネル MOSFET の状態が入れ替わるのみで n チャネル MOSFET のいずれか一方は遮断するため、出力端子は接地端子と短絡されることはない。Low が入力される p チャネル MOSFET は導通状態となるため、出力は V_{DD} に短絡され出力 X は High となる。入力 A と入力 B がともに High（V_{DD}）の場合、2 個の p チャネル MOSFET はともにオフ状態となり、2 個の n チャネル MOSFET はともにオン状態となる。このとき出力（X）は接地され、Low となる。このように 2 つの入力がともに 1 となる場合にのみ Low を出力する。この動作は、High（高電圧）に 1 を割り当て、Low（低電圧）に 0 を割り当てると表 3.4 の NAND の真理値表と等しいため、図 7.5 が NAND として動作することがわかる。

NAND は図 7.6（a）の回路図記号で表される。NAND はド・モルガンの定理を適用することにより

$$\overline{A \cdot B} = \overline{A} + \overline{B} \tag{7.1}$$

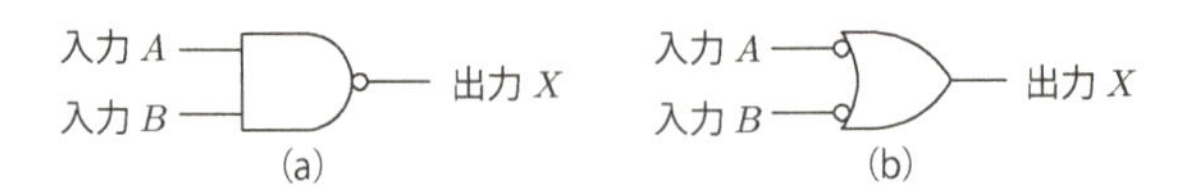

図 7.6　NAND の図記号

と表すこともできる。これは NAND は 2 個の入力のいずれかが 0 のときに 1 を出力する論理ゲート（入力が負論理[*7] の OR）と等しいことを意味している。入力が負論理である場合には図 7.6（b）を NAND の図記号として用いる。

例題 7.2

図 7.7 のように NAND の 2 個の入力端子を短絡したときの真理値表を求めよ。

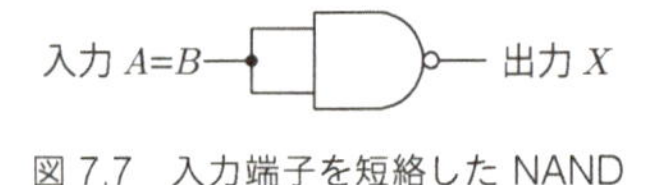

図 7.7　入力端子を短絡した NAND

解答

NAND の 2 個の入力端子を短絡したときの入力の組み合わせは、NAND の 2 個の入力がともに Low の場合と、ともに High の場合の 2 パターンとなる。このため真理値表は表 7.2 となる。この真理値表は NOT の真理値表と等しい。つまり、NAND の 2 個の入力端子を短絡すると NOT が実現される。

表 7.2　図 7.7 の真理値表

A	X
0	1
1	0

図 7.8 のように NAND の出力に入力端子を短絡した NAND（NOT）を接続すれば、AND が実現できる。これは NAND は AND の否定であることから明らかである。さらに、図 7.6（b）に示したように NAND は負論理の入力の

*7　負論理とは、Low を 1（真）とし、High を 0（偽）とする論理である。

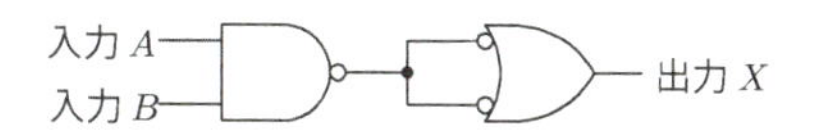

図 7.8　NAND を用いた AND の実現

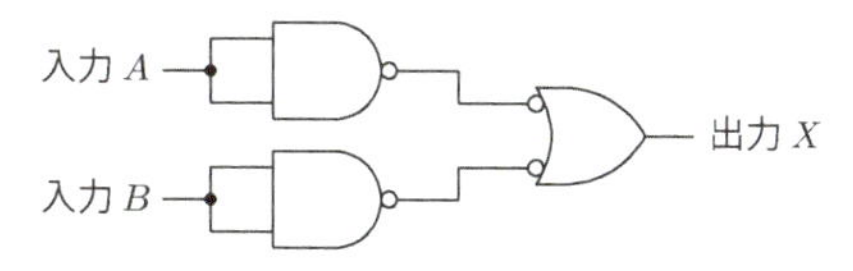

図 7.9　NAND を用いた OR の実現

OR と真理値表が等しい。これは NAND の真理値表において、入力の 1 と 0 を入れ替えると論理和の真理値表と同一となることからもわかる。NAND の入力信号を NOT を用いて反転させたあとに NAND に入力することで OR が実現可能であることを意味している。

図 7.9 に NAND で実現した OR の回路図を示す。入力の否定には、NOT または図 7.7 の NAND で実現した NOT が用いられる。OR は、2 個の NOT と 1 個の NAND、または 3 個の NAND により実現できる。以上のように、NAND のみを用いて NOT、AND、OR の基本論理ゲートを実現することができるため、NAND は**万能ゲート**と呼ばれる。

7.2.3 否定論理和（NOR）

NAND は、いずれか一方の入力が LOW となれば High を出力する回路であった。これは NAND の出力端子と電源電圧の間には 2 個のスイッチ（p チャネル MOSFET）が並列接続されているからである。一方で、NAND は 2 個の入力がともに High となるときのみ Low を出力する回路である。これは、NAND の出力端子と接地の間には 2 個のスイッチ（n チャネル MOSFET）が直列接続されているため、ともに導通状態となるときのみ Low となるからである。NOR は、いずれか一方の入力が High となれば Low を出力する論理関数であるため、出力端子と電源電圧および接地の間に存在する 4 個のスイッチの直列および並列の関係を NAND と逆にすることで、NOR が実現できる。NOR を実現するためには、出力端子と接地の間に 2 個のスイッチ（n チャネル MOSFET）を並列に配置し、出力端子と V_{DD} の間には 2 個のスイッチ（p チャネル MOSFET）

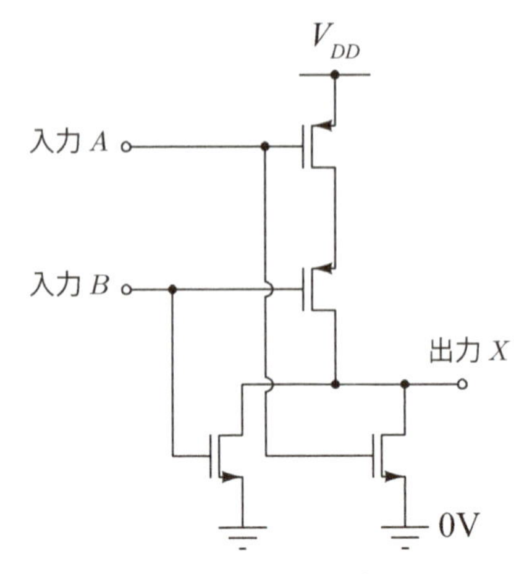

図 7.10　NOR の回路図

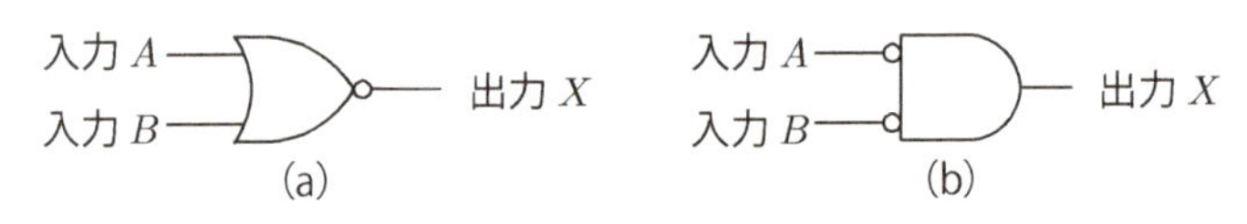

図 7.11　NOR の図記号

を直列に接続すればよい。このようにして得られた NOR を図 7.10 に示す。

NOR の入力電圧と出力電圧の関係は NAND 同様に考えることができる。NOR はいずれか一方の入力が High となれば出力端子が接地電位と短絡されるため Low を出力し、2 つの入力がともに Low となる場合にのみ出力が V_{DD} に接続されるため出力が High となる。NOR の図記号を図 7.11 に示す。NOR の場合も同様に入力が正論理である場合と負論理である場合の 2 種類の図記号が用いられる。

例題 7.3

NOR のみを用いて NOT、OR、AND を実現し、NOR が万能ゲートであることを示せ。

解答

NORの2個の入力を短絡することでNOTが得られる（図7.12（a））。また、NORの出力にNOTを接続することでORが実現できる（図7.12（b））。さらに、ド・モルガンの定理より

$$\overline{\overline{A}+\overline{B}} = A\cdot B \tag{7.2}$$

であるから、2個の入力の否定をとったあとにNORに入力することでANDが実現できる（図7.12（c））。NORもあらゆる論理ゲートを実現可能な万能ゲートである。

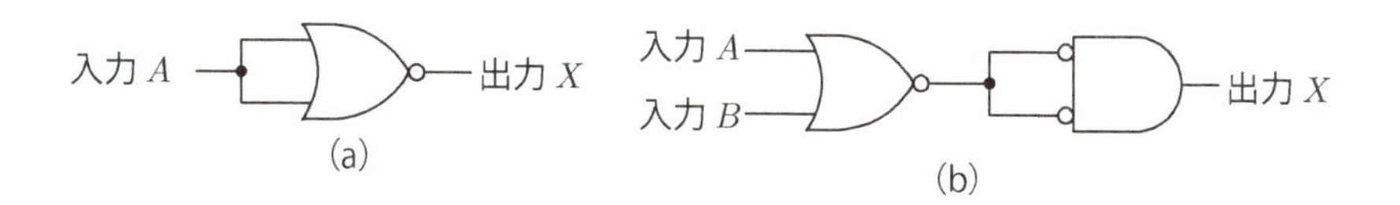

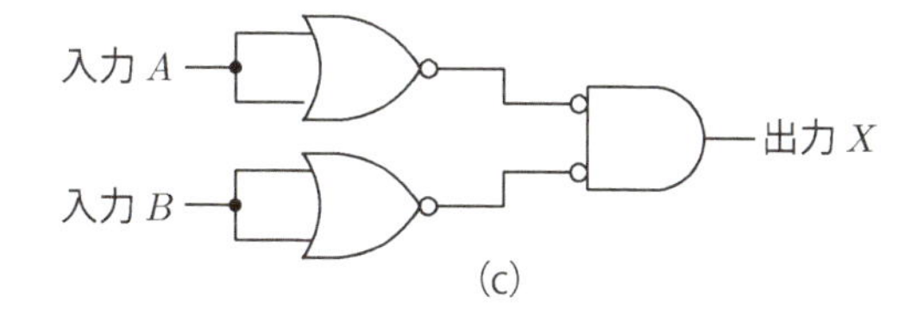

図7.12　NORのみを用いて実現した（a） NOT （b） OR （c） AND

7.2.4 論理和（OR）

先に述べたように、集積回路上ではORは直接実現できず、NORまたはNANDの組み合わせで実現される。しかし、ディジタル回路を表現する際にORをNORまたはNANDを用いて表現すると用いる論理ゲートの数が増え、回路図が見にくくなる。そこで通常ORは図7.13の図記号を用いて表現される。

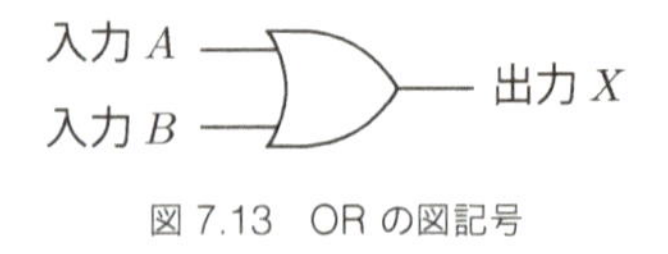

図 7.13　OR の図記号

7.2.5 論理積（AND）

図 7.14 に AND の回路図記号を示す。AND も実際は NAND の否定で実現される。AND および OR の回路図記号を学んだあとに NAND および NOR の回路図記号を確認すると、NAND および NOR は AND または OR の入出力端子に NOT を意味する○印を付与した記号で表現されていることがわかる。

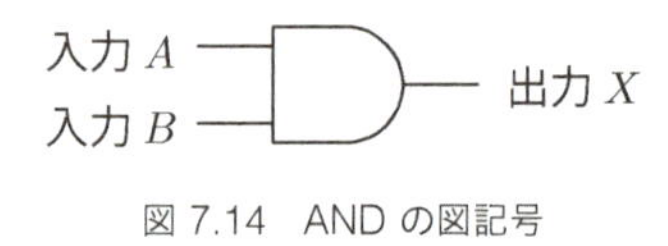

図 7.14　AND の図記号

7.3 論理ゲートを用いた論理関数の表現

加法形または乗法形で表現されている論理関数は 2 段の論理回路で実現することができる（ここで NOT は段数として数えない）。例として加法形で表された、

$$X = \overline{A}B + \overline{A}B\overline{C} + AC \tag{7.3}$$

を考える。式 (7.3) は加法形で表現されているため、1 段目で AND を用いて各項の論理積を実現し、論理積の出力を OR に入力することで目的の論理式を実現する論理回路ができる。この論理回路を図 7.15 に示す。ここで、初段 AND の入力側に記載されている○印は、入力の否定を AND に入力していることを意味している。この論理回路は理解が容易であるが、AND および OR を集積回路として実現する場合には、すべて NAND または NOR で実現することが望まれる。そこで以下に、加法形で表現された論理関数を NAND のみの論理回路に変換する手順を示す。

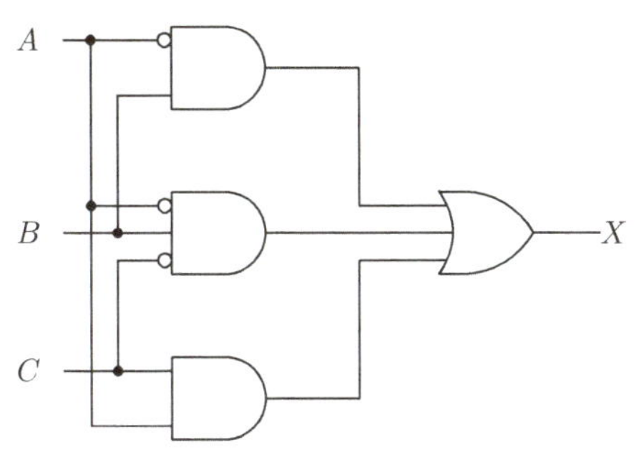

図 7.15 式 (7.3) の論理回路

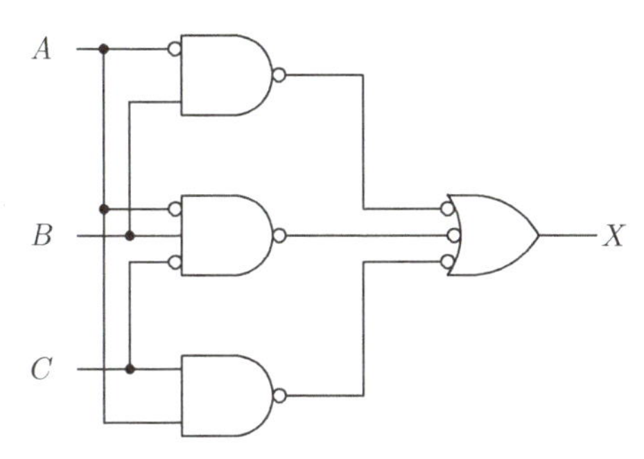

図 7.16 NAND のみで実現した式 (7.3) の論理回路

1. 初段を AND、2 段目を OR で実現した回路をつくる（図 7.15）。
2. 初段の AND を NAND に変更し、2 段目の OR を負論理入力の OR（NAND）に変更する。

図 7.15 の論理回路を NAND のみの回路に変換すると図 7.16 を得る。多段構成の場合は、奇数段の AND を NAND に変換し、偶数段の OR を負論理入力の OR（NAND）に変更すればよい。また、NOR のみの回路で実現するためには、奇数段の AND を負論理入力の AND（NOR）に変換し、偶数段の OR を NOR に変更する。さらに出力に NOT を追加すればよい。

例題 7.4

排他的論理和（EXOR）を実現する論理回路を示せ。

解答

排他的論理和を表す論理式は

$$X = A\overline{B} + \overline{A}B \tag{7.4}$$

である。これを論理回路で実現すると図 7.17 となる。

EXOR にも専用の回路図記号が存在する。図 7.18 に EXOR の回路図記号を示す。

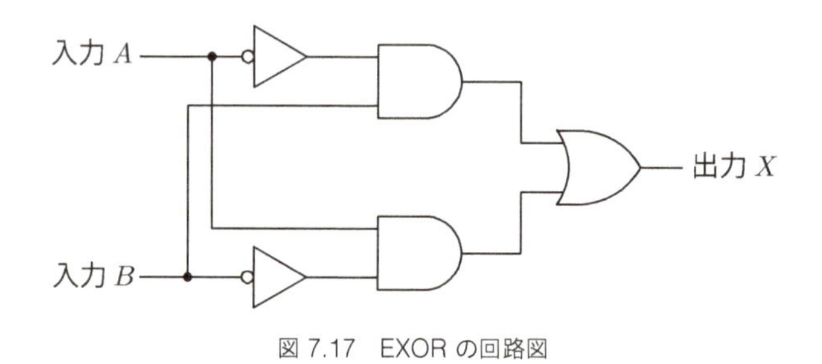

図 7.17　EXOR の回路図

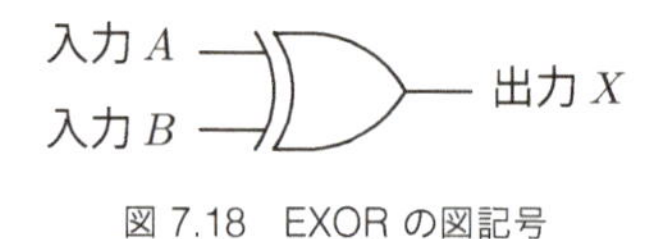

図 7.18　EXOR の図記号

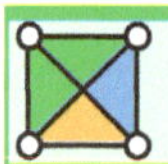

章末問題

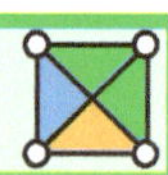

7.1 図 7.5 に示す NAND は、入力が一定のとき消費電力が 0 となることを説明せよ。

7.2 図 7.5 を参考に 3 入力の NAND を MOSFET を組み合わせて実現せよ。

7.3 次の論理式を実現する論理回路を示せ。

(1) $X = (\overline{A + B})C$　　(2) $X = A + \overline{A}B$

(3) $X = (A + B)(B + C)$　　(4) $X = \overline{A}B + A\overline{B}$

7.4 次の真理値表で表される論理回路を示せ。

(1)

A	B	X
0	0	1
0	1	0
1	0	0
1	1	1

(2)

A	B	C	X
0	0	0	1
0	0	1	0
0	1	0	0
0	1	1	0
1	0	0	1
1	0	1	0
1	1	0	1
1	1	1	1

7.5 $X = A \oplus B \oplus C$ を排他的論理和を用いずに加法形で表せ。

7.6 3 bit の 2 進数が入力されたとき、奇数パリティを生成する論理回路の回路図をかけ。

7.7 $X = A \odot B$ は排他的否定論理和または一致回路と呼ばれ、$X = A \odot B = \overline{A \oplus B} = AB + \overline{A}\overline{B}$ である。$X = A \odot B \odot C$ を加法形で表せ。

7.8 3 bit の 2 進数が入力されたとき、偶数パリティを生成する論理回路の回路図をかけ。

トランジスタはウィルスより小さい!?

n チャネル MOSFET と p チャネル MOSFET を用いる CMOS（Complementary MOS）集積回路は 1970 年頃から普及し、以降、微細化しながら発展してきた。これは CMOS 集積回路が、MOSFET のチャネル長の微細化に比例してゲート絶縁膜厚を薄くし電源電圧を低電圧化すると、同じ面積のチップ上により多くのトランジスタを搭載でき、動作速度と消費電力の双方を改善することが可能となるという特徴を有するためである。より微細な CMOS 集積回路を開発することで、クロック周波数を向上させながら消費電力を抑えられ、パソコンやスマートフォンなどのディジタル機器の高速化と省エネルギー化を同時に実現してきた。

CMOS 集積回路の集積度（同じ面積のチップ上のトランジスタ数）は約 24 ヵ月ごとに倍増するという「ムーアの法則」に従い、50 年以上にわたって向上してきた。その間にはさまざまな課題に直面してきた。毎年のように「ムーアの法則に従うことは限界だ」といわれつつも、現在まで途切れることなく MOSFET の微細化は続いている。この背景には、プロセス技術の革新や新たな構造の MOSFET の開発などの成果がある。

現在、世界の主要メーカでは 5 nm や 3 nm プロセスの MOSFET が量産されている。半導体プロセスにおける「3 nm」「5 nm」といった呼び方は、かつては「ゲート長（チャネル長）が 3 nm である」という意味であった。しかし微細化が進むにつれ、製造プロセスの命名規則と実際の物理寸法は乖離（かいり）してきたため、現在は“○ nm”という表現は純粋な数値的な長さというより「世代」を示す名称になっている。とはいえインフルエンザウィルスの大きさが直径 100 nm 程度であることを考えると、最新の MOSFET がいかに微細であるか理解できるだろう。

さらなる微細化を追求するために、 MOSFET のゲート形状を従来の FinFET 構造から GAA （Gate All Around）へと移行させる技術開発が進んでいる。これにより、より精密な電流制御と低消費電力化、高速化が実現される。こうした微細化技術の進化は、 AI や自動運転技術をはじめとする先端分野の発展を強力に後押しすると期待されるため、各国でその開発を競い合っている。

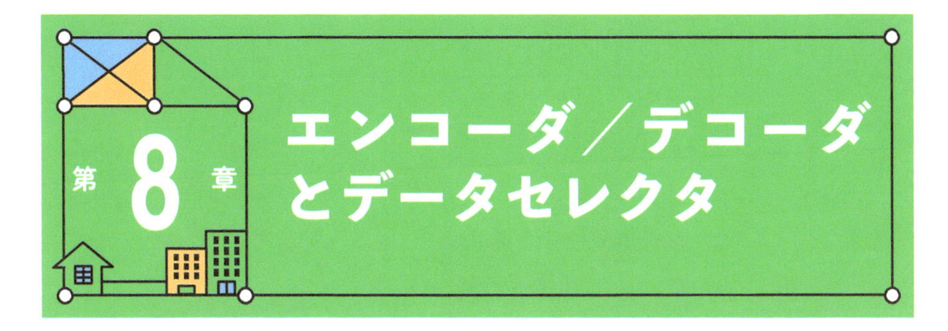

第8章 エンコーダ／デコーダとデータセレクタ

第７章までに、真理値表で表されたディジタル回路の特性を論理関数として表す方法、論理関数の簡単化の方法、簡単化された論理関数を論理回路として実現する方法について学んだ。これらの論理回路は、現在の入力信号の組み合わせだけで出力が決まる。このような論理回路を**組み合わせ回路**（combinational circuit）と呼ぶ。本章では、代表的な組み合わせ回路を取り上げ、その設計方法について学ぶ。

8

本章のポイント

- 組み合わせ回路は、以下の手順で設計することができる。
  1. 実現する機能を真理値表で表す。
  2. 出力変数を論理関数で表現し、簡単化する。
  3. 簡単化した論理関数を基本論理ゲートで実現する。
- エンコーダ（符号器）は、入力信号を別の符号や表現に変換する。
- デコーダ（復号器）は符号化された信号をもとの形式の信号に変換する。
- マルチプレクサは、複数の入力信号の中から１つを選択し出力する。
- デマルチプレクサは、１個の入力信号を複数の出力先に分配する。

8.1 エンコーダ／デコーダ

8.1.1 エンコーダ

エンコーダ（encoder：**符号器**）は、入力信号を別の符号や表現に変換する回路である。エンコーダを用いて入力信号をディジタル回路で処理しやすい形式に変換することで、ビット数の低減や誤動作の防止などが実現できる。エンコーダには、入力と出力の信号の形式の組み合わせによりさまざまな種類が存在する。例えば、入力された 10 進数を BCD 符号に変換する BCD エンコーダや、2 進数をグレイコードに変換するグレイコードエンコーダなどがある。ディジタル回路では数値を 2 進数で表すことが多いため、入力された 10 進数を 2 進数に変換する回路を単にエンコーダと呼ぶこともある。

ここでは、4 ビットの入力信号を 2 桁の 2 進数に変換する 4 to 2 エンコーダを例とし、組み合わせ回路の実現方法を学ぶ。4 to 2 エンコーダには、入力信号 $(A_3A_2A_1A_0)$ として、0001、0010、0100、1000 のいずれかが入力される。これらの入力信号を 10 進数の 0、1、2、3 に対応するとみなし、対応する値を 2 進数 (X_1X_0) として出力する。4 to 2 エンコーダを用いることで 4 ビットの入力信号が 2 ビットに変換されるため、通信や保持を効率的に行うことができる。

組み合わせ回路は、以下の手順で設計する。

手順 1： 実現する機能を真理値表で表す。
手順 2： 出力変数を論理関数で表現し、簡単化する。
手順 3： 簡単化した論理関数を基本論理ゲートで実現する。

まず、入出力の関係を表す真理値表を作成する。この例の 4 to 2 エンコーダは、表 8.1 の真理値表で表される。入力信号は 4 ビットであるため本来は 16 通りの入力が存在するが、ここでは想定する入力のみ記載している（手順 1）。次に、出力の各桁（X_1 および X_0）を表す論理関数を求めると

$$X_0 = \overline{A_3}\,\overline{A_2}A_1\overline{A_0} + A_3\overline{A_2}\,\overline{A_1}\,\overline{A_0} \tag{8.1}$$

$$X_1 = \overline{A_3}A_2\overline{A_1}\,\overline{A_0} + A_3\overline{A_2}\,\overline{A_1}\,\overline{A_0} \tag{8.2}$$

表 8.1　4 to 2 エンコーダの真理値表

A_3	A_2	A_1	A_0	X_1	X_0
0	0	0	1	0	0
0	0	1	0	0	1
0	1	0	0	1	0
1	0	0	0	1	1

を得る。この論理関数をカルノー図を用いて簡単化する。与えられた条件では、想定されない入力の組み合わせをドントケア ϕ とし、カルノー図を書くと図 8.1 および図 8.2 を得る。それぞれの図中に破線で示す囲い方で簡単化を行うと

$$X_0 = A_1 + A_3 \tag{8.3}$$

$$X_1 = A_2 + A_3 \tag{8.4}$$

を得る（手順 2）。これらを論理回路で表現すると図 8.3 を得る（手順 3）。図 8.3 には A_0 を記載しているが、A_0 は出力に関係しないため記載しないことが多い。

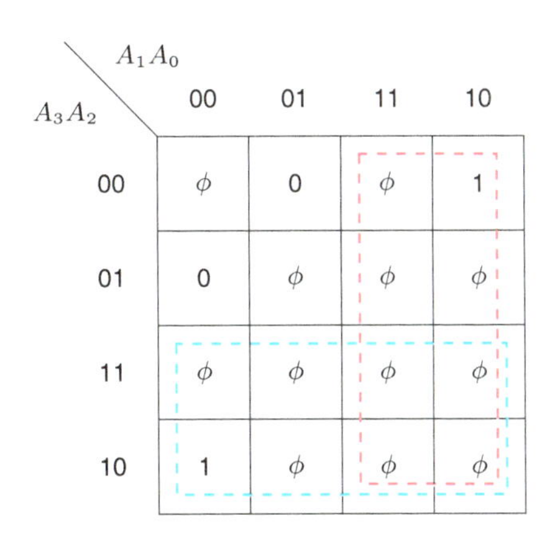

図 8.1　X_0 のカルノー図

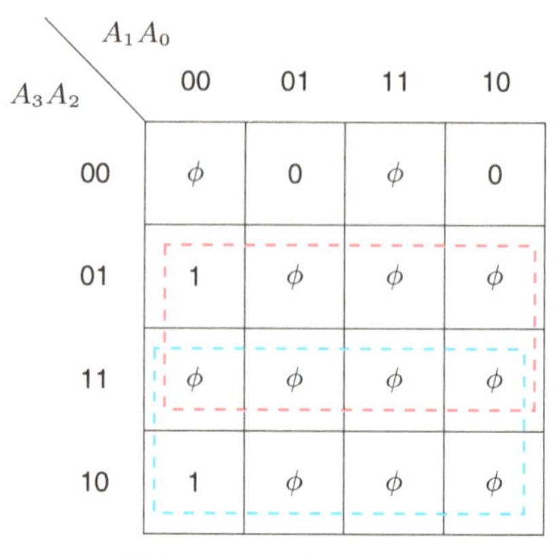

図 8.2　X_1 のカルノー図

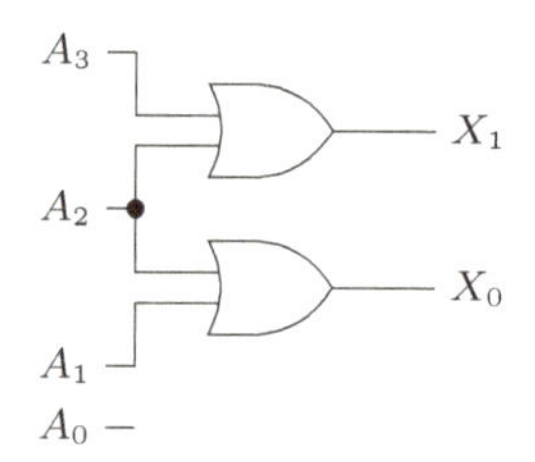

図 8.3　4 to 2 エンコーダの論理回路

例題 8.1

4 ビットの入力信号 (A_3、A_2、A_1、A_0) の各ビットの 1 の数を 2 進数 X_2、X_1、X_0 として出力するエンコーダを設計せよ。

解答

まず、目的のエンコーダの真理値表を作成すると表 8.2 を得る。

次に、出力の各桁（X_2、X_1、X_0）を表す論理関数を求めると

$$X_0 = \overline{A_3}\,\overline{A_2}\,\overline{A_1}A_0 + \overline{A_3}\,\overline{A_2}A_1\overline{A_0} + \overline{A_3}A_2\overline{A_1}\,\overline{A_0} + \overline{A_3}A_2A_1A_0 + A_3\overline{A_2}\,\overline{A_1}\,\overline{A_0} + A_3\overline{A_2}A_1A_0 + A_3A_2\overline{A_1}A_0 + A_3A_2A_1\overline{A_0} \quad (8.5)$$

表 8.2　例題 8.1 のエンコーダの真理値表

A_3	A_2	A_1	A_0	X_2	X_1	X_0
0	0	0	0	0	0	0
0	0	0	1	0	0	1
0	0	1	0	0	0	1
0	0	1	1	0	1	0
0	1	0	0	0	0	1
0	1	0	1	0	1	0
0	1	1	0	0	1	0
0	1	1	1	0	1	1
1	0	0	0	0	0	1
1	0	0	1	0	1	0
1	0	1	0	0	1	0
1	0	1	1	0	1	1
1	1	0	0	0	1	0
1	1	0	1	0	1	1
1	1	1	0	0	1	1
1	1	1	1	1	0	0

$$
\begin{aligned}
X_1 = {} & \overline{A_3}\,\overline{A_2}A_1A_0 + \overline{A_3}A_2\overline{A_1}A_0 + \overline{A_3}A_2A_1\overline{A_0} + \overline{A_3}A_2A_1A_0 \\
& + A_3\overline{A_2}\,\overline{A_1}A_0 + A_3\overline{A_2}A_1\overline{A_0} + A_3\overline{A_2}A_1A_0 + A_3A_2\overline{A_1}\,\overline{A_0} \\
& + A_3A_2\overline{A_1}A_0 + A_3A_2A_1\overline{A_0} \qquad (8.6)
\end{aligned}
$$

$$
X_2 = A_3A_2A_1A_0 \qquad (8.7)
$$

を得る。これらの論理関数の簡単化を行うが、X_2 と X_0 はこれ以上簡単化することができない。X_1 を図 8.4 のカルノー図を用いて簡単化すると

$$
\begin{aligned}
X_1 = {} & \overline{A_3}A_1A_0 + A_2\overline{A_1}A_0 + A_3A_2\overline{A_1} + A_3\overline{A_2}A_0 \\
& + A_3\overline{A_2}A_1 + A_2A_1\overline{A_0} \qquad (8.8)
\end{aligned}
$$

となる。X_0、X_1、X_2 を論理回路として実現すると図 8.5 を得る。

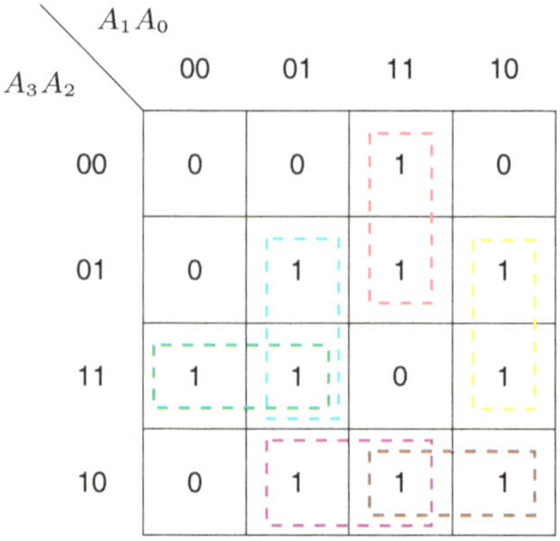

A_3A_2 \ A_1A_0	00	01	11	10
00	0	0	1	0
01	0	1	1	1
11	1	1	0	1
10	0	1	1	1

図 8.4　例題 8.1 の X_1 のカルノー図

8.1.2 デコーダ

デコーダ（decoder：**復号器**）は符号化された信号をもとの形式の信号に変換する回路である。エンコーダにおいて処理や伝達に適した形式に符号化した信号を、出力に適するもとの形式に戻す際に用いられる。エンコーダとデコーダは逆の働きをする回路であるが、いずれも信号の形式を変換する回路と考えると、同じ機能を有する回路であるともいえる。ディジタル回路に適した 2 進数の信号を、人間の理解が容易な多ビットの信号に変換する回路を単にデコーダと呼ぶ場合が多い。

8.1.1 項で学んだ 4 to 2 エンコーダで得られた 2 ビットのバイナリコードを、入力と同じ形式の 4 個の信号に変換するデコーダである 2 to 4 デコーダを設計する。2 to 4 デコーダに入力される 2 ビットの信号を A_1A_0 とし、出力される 4 個の出力は X_3、X_2、X_1、X_0 とする。2 to 4 デコーダの真理値表を表 8.3 とすると各出力は入力の論理積で表されるため、図 8.6 の回路図を得る。

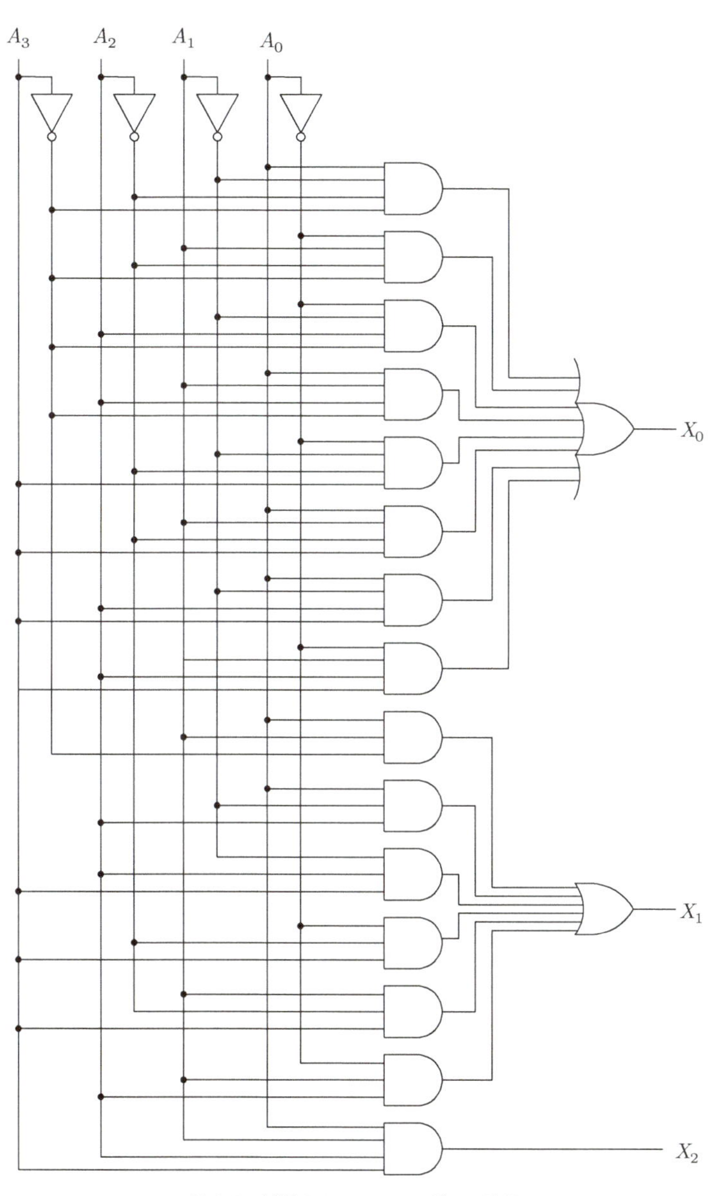

図 8.5 例題 8.1 のエンコーダの回路図

表 8.3　2 to 4 デコーダの真理値表

A_1	A_0	X_3	X_2	X_1	X_0
0	0	0	0	0	1
0	1	0	0	1	0
1	0	0	1	0	0
1	1	1	0	0	0

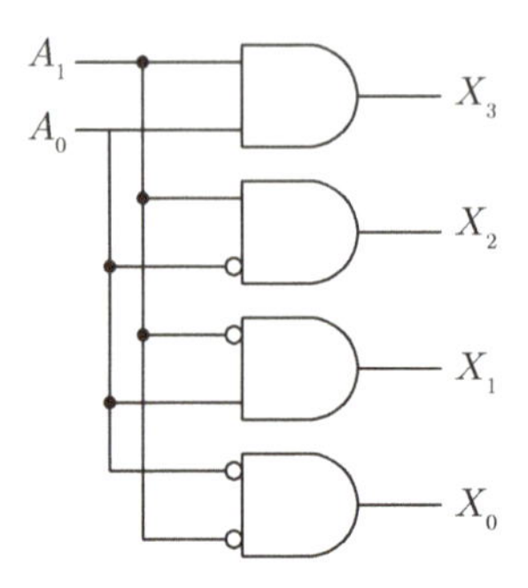

図 8.6　2 to 4 デコーダの回路図

8.2 マルチプレクサ／デマルチプレクサ

マルチプレクサ（multiplexer）とは、複数の入力信号の中から 1 つを選択し出力する回路である。複数のデータから 1 つを選択することから**データセレクタ**（data selector）とも呼ばれる。一方、**デマルチプレクサ**（demultiplexer）とは、1 個の入力信号を複数の出力先に分配するディジタル回路である。マルチプレクサとデマルチプレクサは、図 8.7 のように組み合わせて用いることで、複数の入力に対して同一の処理を時分割して用いることが可能となる。信号処理回路が大規模な回路となる場合、この構成とすることで回路を低減することができる。ただし、入力数が N 個で 1 入力の処理に要する時間が t [s] の場合、すべての入力に対して同一の処理を終えるためには Nt [s] だけの時間が必要となる。

マルチプレクサは、入力信号を受け付ける複数の入力端子のほか、いずれの入力信号を出力するかを指定する**セレクト**（Select）**入力**を有する。セレクト入力で指定された入力端子に入力された入力信号を出力する。さらに入出力を可能とする**イネーブル**（Enable）**端子**を有する場合がある。イネーブル端子付きのマルチプレクサでは、イネーブル端子がアクティブの場合に限りセレクトで指定された入力信号を出力する。イネーブル信号を使用することで、入力信

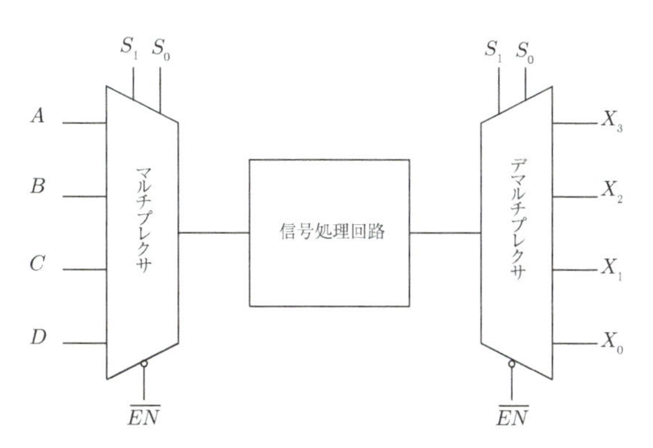

図 8.7　マルチプレクサとデマルチプレクサを用いた構成

号が確定前の過渡的な状態での出力を避けることができる。図 8.7 に示されるマルチプレクサの場合、イネーブル端子に負論理を意味する丸印があることから、イネーブル端子に 0 が入力された場合にマルチプレクサは動作する。

1 ビット 4 入力のマルチプレクサの真理値表を表 8.4 に示す。ここで A から D は 1 ビットの入力端子であり、A から D に入力される入力信号はそれぞれ d_A から d_D であるとする。この例では、イネーブルが 0 のときにセレクト端子で指定された入力信号を出力し、イネーブルが 1 のときはセレクト端子の入力によらず 0 を出力するとしている。この 1 ビット 4 入力のマルチプレクサは図 8.8 の回路により実現される。

表 8.4　1 ビット 4 入力マルチプレクサの真理値表

$\overline{EN}$	S_1	S_0	A	B	C	D	X
0	0	0	d_A	d_B	d_C	d_D	d_A
0	0	1	d_A	d_B	d_C	d_D	d_B
0	1	0	d_A	d_B	d_C	d_D	d_C
0	1	1	d_A	d_B	d_C	d_D	d_D
1	ϕ	ϕ	d_A	d_B	d_C	d_D	0

次に 1 ビット 4 出力デマルチプレクサを設計する。設計するデマルチプレクサは、1 個の入力 A を 2 ビットのセレクト（Select）入力の値に応じて 4 個の出力（X_0 から X_3）に出力する。デマルチプレクサも先のマルチプレクサと同様にイネーブル端子を有し、イネーブル端子が 0 のときのみ出力するとする。設計するデマルチプレクサの真理値表を表 8.5 に表す。

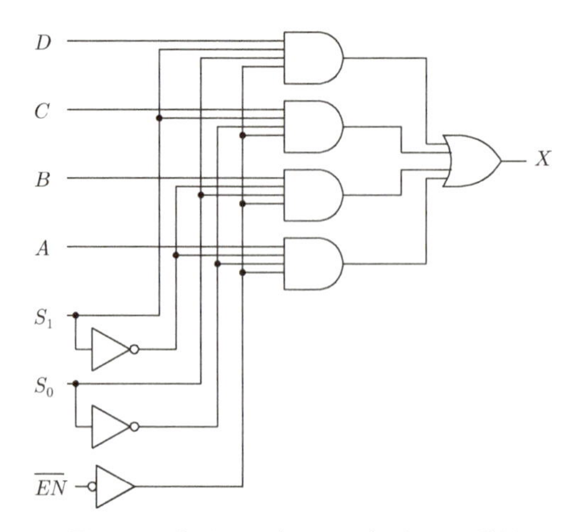

図 8.8　1 ビット 4 入力マルチプレクサの回路図

表 8.5　1 ビット 4 出力デマルチプレクサの真理値表

$\overline{EN}$	S_1	S_0	A	X_3	X_2	X_1	X_0
0	0	0	d	0	0	0	d
0	0	1	d	0	0	d	0
0	1	0	d	0	d	0	0
0	1	1	d	d	0	0	0
1	ϕ	ϕ	ϕ	0	0	0	0

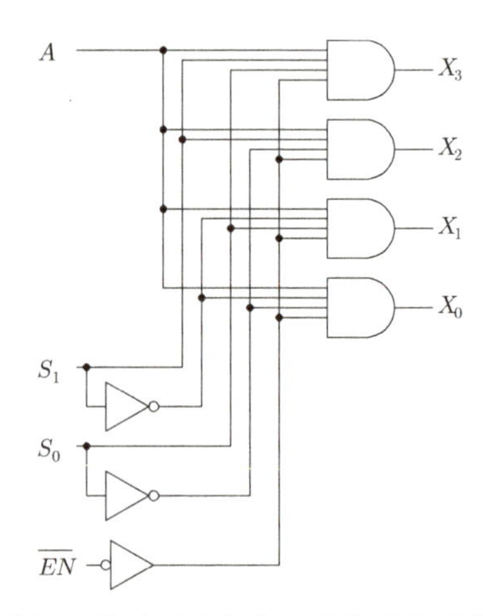

図 8.9　1 ビット 4 出力デマルチプレクサの回路図

例題 8.2

表 8.6 に示す真理値表で動作する 4 ビット 2 入力マルチプレクサを設計せよ。

表 8.6 4 ビット 2 入力マルチプレクサの真理値表

EN	S	A_3	A_2	A_1	A_0	B_3	B_2	B_1	B_0	X_3	X_2	X_1	X_0
0	ϕ	d_{A3}	d_{A2}	d_{A1}	d_{A0}	d_{B3}	d_{B2}	d_{B1}	d_{B0}	0	0	0	0
1	1	d_{A3}	d_{A2}	d_{A1}	d_{A0}	d_{B3}	d_{B2}	d_{B1}	d_{B0}	d_{A3}	d_{A2}	d_{A1}	d_{A0}
1	0	d_{A3}	d_{A2}	d_{A1}	d_{A0}	d_{B3}	d_{B2}	d_{B1}	d_{B0}	d_{B3}	d_{B2}	d_{B1}	d_{B0}

解答

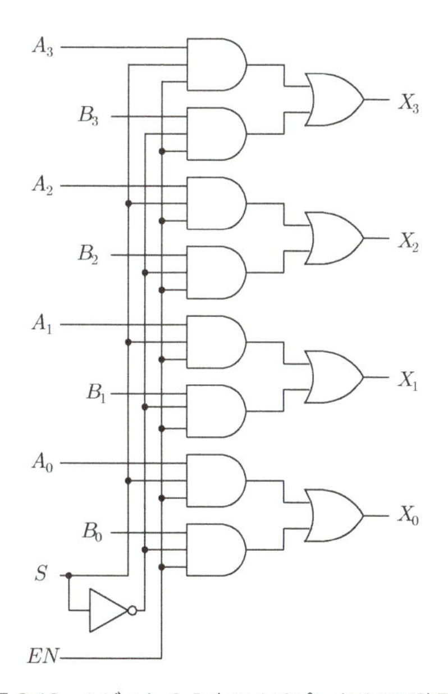

図 8.10 4 ビット 2 入力マルチプレクサの回路図

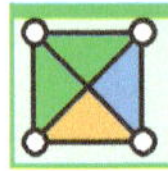

章末問題

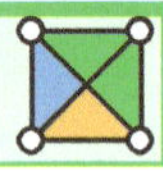

8.1 3 bit の 2 進数をグレイコードに変換するエンコーダを設計せよ。

8.2 3 bit のグレイコードを 2 進数に戻すデコーダを設計せよ。

8.3 2 進数を 10 進数に変換する 2 to 10 デコーダを設計せよ。ただし、入力は 4 ビットの 2 進数とし、出力は $X_9, X_8, \cdots X_0$ の 10 個の出力端子とする。入力された 2 進数に対応する添字の出力のみが 1 を出力し、残りは 0 を出力する。10 進数の 11 から 15 を意味する入力は加わらないとしてよい。

8.4 マルチプレクサとデマルチプレクサのそれぞれの機能を説明せよ。

8.5 1 ビット 8 入力マルチプレクサを、真理値表を作成して直接設計する方法と、図 8.8 を 2 個用いて作成する方法でそれぞれ実現せよ。

快適な動画視聴を支えるディジタル回路

近年のパソコンやスマートフォンでは、動画再生や配信サービスが広く利用されている。こうした配信動画の実現には、大容量の映像データを「圧縮」してネットワーク経路を介して配信し、視聴者側で「伸長（デコード）」する技術が欠かせない。フル HD や 4K といった高解像度の映像をそのまま送受信しようとすれば、必要なネットワークの帯域は膨大になり、回線速度やサーバ負荷の面で非現実的となる。そこで、映像コーデック（H.264、H.265、AV1 など）を用いてデータ量を大幅に削減し、限られた帯域でもスムーズに視聴できるような工夫がされている。このようなエンコードとデコードはソフトウェアで実現することも可能であるが、Intel Quick Sync Video や NVIDIA NVENC/NVDEC のような専用のハードウェアによる実現は、以下の利点があるため多くの機器で活用されている。

第一に、専用の演算回路の利用は、ソフトウェアだけの処理より高速になり、リアルタイム配信や高解像度動画の再生でも遅延を最小化できる。第二に、CPU への負荷を大幅に削減できるため、ほかのタスク（ゲームや動画編集）にリソースを割り当てやすく、装置全体のパフォーマンスを維持しやすい。第三に、専用回路が最適化されていることから、省電力かつ発熱を抑えられる。特にモバイル機器では、バッテリ駆動時間や放熱設計の観点でハードウェアデコードは大きなアドバンテージとなる。第四に、ハードウェアエンコード／デコードは特定のコーデック向けに調整されているため、得られる動画の品質が優れる。ビットレートやフレームレートを高めてもフレームドロップや音ズレが起こりにくく、安定した画質を保ちながら効率のよい配信や録画を実現できる。特に高解像度や高ビットレートの高品質な動画処理において、専用ハードウェアを用いる恩恵は大きい。一方でソフトウェアでの実現には、柔軟性や拡張性に優れる利点がある。

一般ユーザに多く使われる配信ソフトやメディアプレーヤは、ハードウェアデコーダへの対応が進んでおり、動画の快適な視聴・配信環境が支えられている。

第9章 演算回路

本章では、入力信号に対して演算を行う組み合わせ回路を学ぶ。

本章のポイント

- ディジタル回路において四則演算は加算器を用いて実現される。
- 加算器には半加算器と全加算器がある。
- 半加算器は1ビットの2数の加算を行い、加算結果 S と桁上がり C を出力する。
- 全加算器は半加算器の機能に加え、下位の桁の桁上がりも加算することができる。
- 全加算器を桁数だけ並列に用いることで多ビットの加算器が実現できる。
- 減算器は、一方の入力信号を補数に変換したあとに加算回路に加えることで実現できる。
- 比較器は、2個の入力信号の一致の検出や大小の比較を行う回路である。

9.1 加算器

9.1.1 半加算器

算術演算の基本となる四則演算は、ディジタル回路では**加算器**（adder）を用いて実現する。2進数の減算 $m-n$ は、n を2の補数に変換し m に加えることで容易に実現することができる。乗算 $m \times n$ は、m を n 回加算することで実

9

現できる。除算 $m \div n$ は、m から n を繰り返し引く演算で実現される。つまり、n を 2 の補数に変換したあとに m に繰り返し加算することで実現できる。四則演算はすべて加算により実現されるため、2 個の入力を加算する加算器が算術演算の基本回路となる。

2 個の n ビットの 2 進数の加算を行う回路を実現する準備として、まず**半加算器**（half adder）と呼ばれる 2 個の 1 ビットの 2 進数の加算を実現する論理回路を学ぶ。ここでは半加算器を図 9.1 の図記号で表す。半加算器は、2 個の 1 ビットの 2 進数である A および B を入力すると、加算結果 S（Sum）と桁上がり C（Carry）を出力する。1 ビットの 2 進数の加算結果は最大で $(2)_{10}$ となるから、2 進数で表現するためには 2 ビットが必要となる。半加算器の出力である S と C は、加算結果の 2 ビットの 2 進数 CS の各桁を意味する。

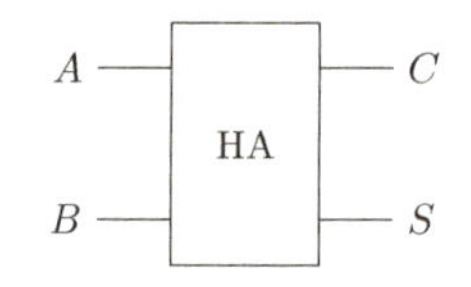

図 9.1　半加算器の回路図記号

半加算器の動作は、

- A と B の両方が 0 の場合、C は 0、S は 0 となる。
- A と B のどちらか一方が 1 の場合、C は 0、S は 1 となる。
- A と B の両方が 1 の場合、C は 1、S は 0 となる。

である。以上の動作を真理値表に表すと表 9.1 となる。真理値表から各出力を

表 9.1　半加算器の真理値表

A	B	C	S
0	0	0	0
0	1	0	1
1	0	0	1
1	1	1	0

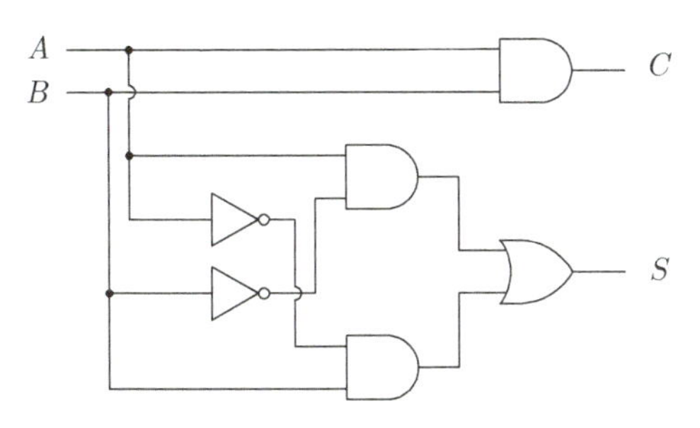

図 9.2 半加算器の回路図

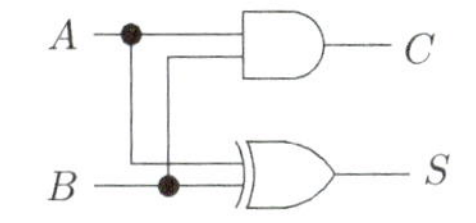

図 9.3 EXOR を用いた半加算器

加法形で表現すると

$$C = AB \tag{9.1}$$

$$S = A\overline{B} + \overline{A}B = A \oplus B \tag{9.2}$$

となる。これを論理回路で実現すると図 9.2 を得る。ここで S は A と B の排他的論理和であるため、排他的論理和を用いて図 9.3 のように書くこともできる。

9.1.2 全加算器

2 個の 4 ビットの 2 進数の入力信号 A と B の加算を行う回路を考える。A の各桁は A_3、A_2、A_1、A_0 であり、B の各桁は B_3、B_2、B_1、B_0 であるとする。A と B の加算において最下位桁は A_0 と B_0 の加算となる。このため、A と B の加算の最下位桁は半加算器で実現できる。しかし、2 桁目の加算は A_1 と B_1 と最下位桁からの桁上がり C_0 の加算となるため、半加算器では実現することはできない。このように多ビットの加算において、最下位以外の桁の計算には、入力信号の対応する桁の数値と下位からの桁上げの 3 個の数値の加算を行うことができる加算器が必要となる。この桁上がり入力をもつ加算器を**全加算器**（full adder）と呼ぶ。図 9.4 に全加算器の図記号を示す。全加算器は A_n、B_n と、下位からの桁上がり C_{n-1} を入力すると、加算結果 S_n と上位の桁への

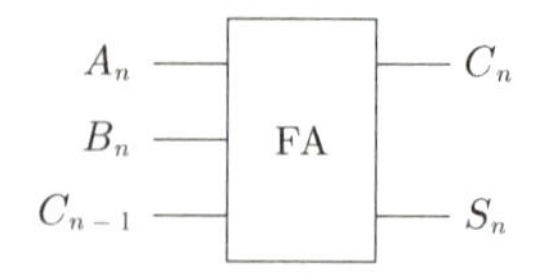

図 9.4　全加算器の回路図記号

表 9.2　全加算器の真理値表

A_n	B_n	C_{n-1}	C_n	S_n
0	0	0	0	0
0	1	0	0	1
1	0	0	0	1
1	1	0	1	0
0	0	1	0	1
0	1	1	1	0
1	0	1	1	0
1	1	1	1	1

桁上がり C_n を出力する。

全加算器の真理値表は表 9.2 となる。表 9.2 より S_n と C_n の論理式を求めると、それぞれ

$$S_n = \overline{A_n} B_n \overline{C_{n-1}} + A_n \overline{B_n}\,\overline{C_{n-1}} + \overline{A_n}\,\overline{B_n} C_{n-1} + A_n B_n C_{n-1} \tag{9.3}$$

$$C_n = A_n B_n \overline{C_{n-1}} + \overline{A_n} B_n C_{n-1} + A_n \overline{B_n} C_{n-1} + A_n B_n C_{n-1} \tag{9.4}$$

となる。C_n を図 9.5 に示すカルノー図を用いて簡単化すると、C_n は

$$C_n = A_n B_n + B_n C_{n-1} + A_n C_{n-1} \tag{9.5}$$

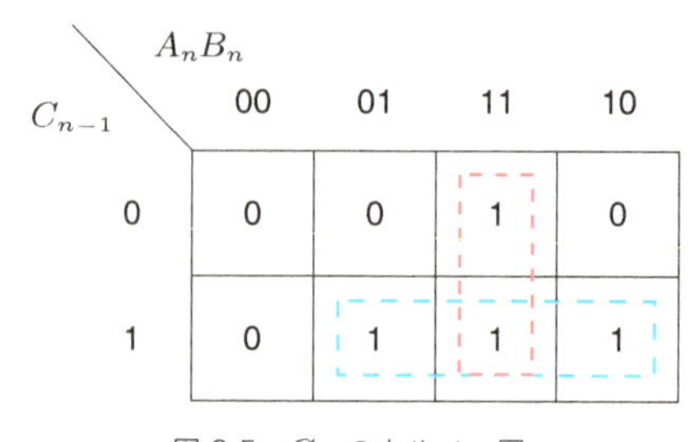

図 9.5　C_n のカルノー図

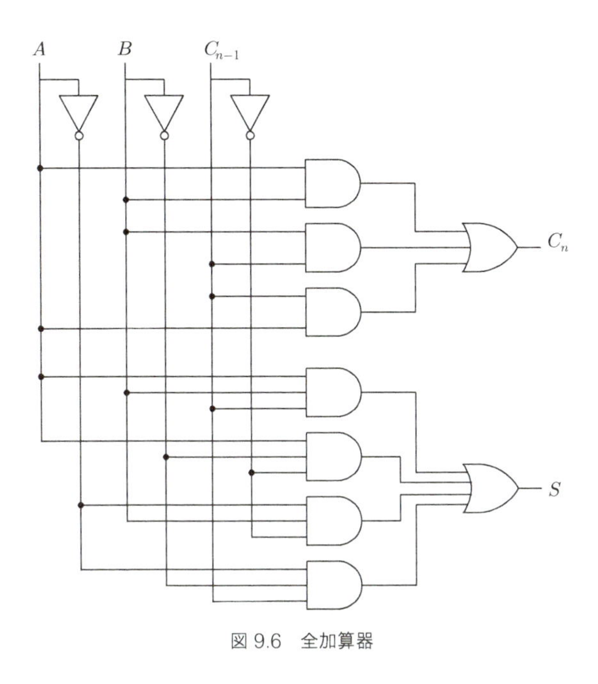

図 9.6　全加算器

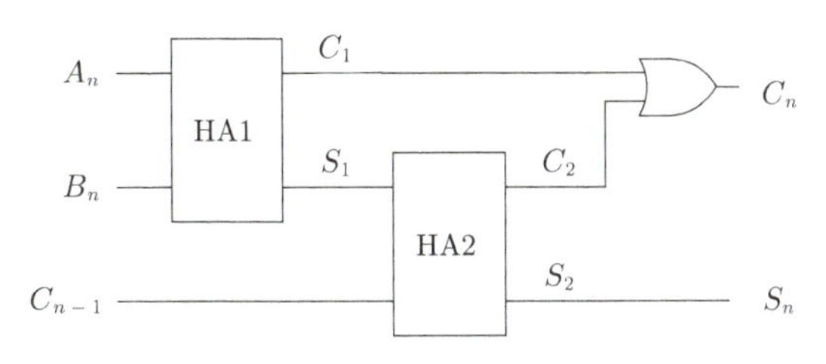

図 9.7　半加算器 2 個で実現した全加算器

と簡単化される。式 (9.3) および式 (9.5) で表される全加算器を論理回路で実現すると、図 9.6 となる。

また、全加算器は図 9.7 のように 2 個の半加算器で実現することもできる。半加算器 1（HA1）は入力 A_n と B_n の加算を行う。一方、半加算器 2（HA2）は半加算器 1 の加算結果 S_1 と桁上げ入力 C_{n-1} の和を求める。半加算器の出力 S_2 が全加算器の和の出力 S_n となる。一方、半加算器 1 または半加算器 2 のいずれかで桁上げが生ずる場合、全加算器の桁上げ出力 C_n が出力される。

全加算器および半加算器を用いた 4 ビットの加算器を図 9.8 に示す。この構

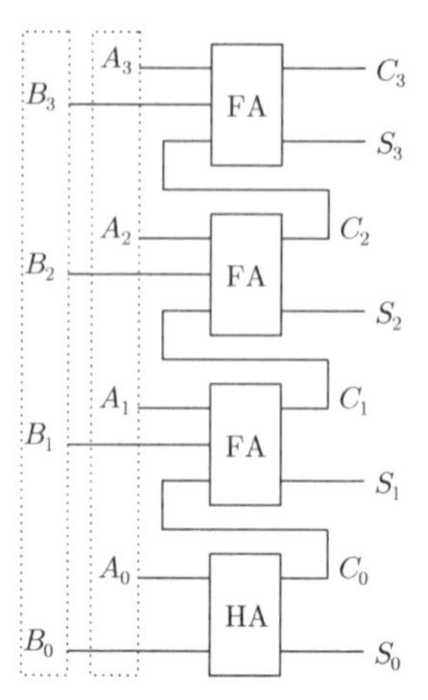

図 9.8　4 ビットの加算器（リプルキャリー型）

成の加算器を**リプルキャリー**（ripple carry）型の加算器と呼ぶ。リプルキャリー型の加算器は、構造が簡単で動作の理解が容易であるという利点がある。任意の桁数の加算器を実現することが容易であり、ほかの加算器に比べて必要な論理ゲートの数も少ない。

リプルキャリー型の加算器では、2 桁目以降の加算は下位の加算が完了して下位の桁上がりの有無が確定してからでないと実行できない。そのため、下位ビットの桁上がりが伝搬して最上位の桁上がりが確定するまでに要する時間（桁上がり伝搬時間）が長いという欠点がある。この欠点を解決する加算器として、**キャリールックアヘッド**（carry lookahead）型の加算器がある。キャリールックアヘッド型の加算器において各桁で生ずる桁上げを C_0、C_1、C_2、C_3 とすると、C_0 は

$$C_0 = A_0B_0 \tag{9.6}$$

である。C_1 は

$$C_1 = C_0(A_1 \oplus B_1) + A_1B_1 \tag{9.7}$$

であるから、C_0 に式 (9.6) を代入すると

$$C_1 = (A_0B_0)(A_1 \oplus B_1) + A_1B_1 \tag{9.8}$$

となる。式 (9.8) は C_1 を入力のみで表しているから、式 (9.8) を用いることで

最下位から 3 ビット目の演算を下位の計算結果の出力を待たずに行うことができる。C_2 と C_3 についても同様に

$$
\begin{aligned}
C_2 &= C_1(A_2 \oplus B_2) + A_2B_2 \\
&= A_0B_0(A_1 \oplus B_1)(A_2 \oplus B_2) \\
&\quad + A_1B_1(A_2 \oplus B_2) \\
&\quad + A_2B_2
\end{aligned}
\tag{9.9}
$$

$$
\begin{aligned}
C_3 &= C_2(A_3 \oplus B_3) + A_3B_3 \\
&= A_0B_0(A_1 \oplus B_1)(A_2 \oplus B_2)(A_3 \oplus B_3) \\
&\quad + A_1B_1(A_2 \oplus B_2)(A_3 \oplus B_3) \\
&\quad + A_2B_2(A_3 \oplus B_3) \\
&\quad + A_3B_3
\end{aligned}
\tag{9.10}
$$

のように入力のみで表される。式 (9.10) を使うことにより、最上位の桁上げも遅延時間が少なく確定する。また、n 桁目の和 S_n は

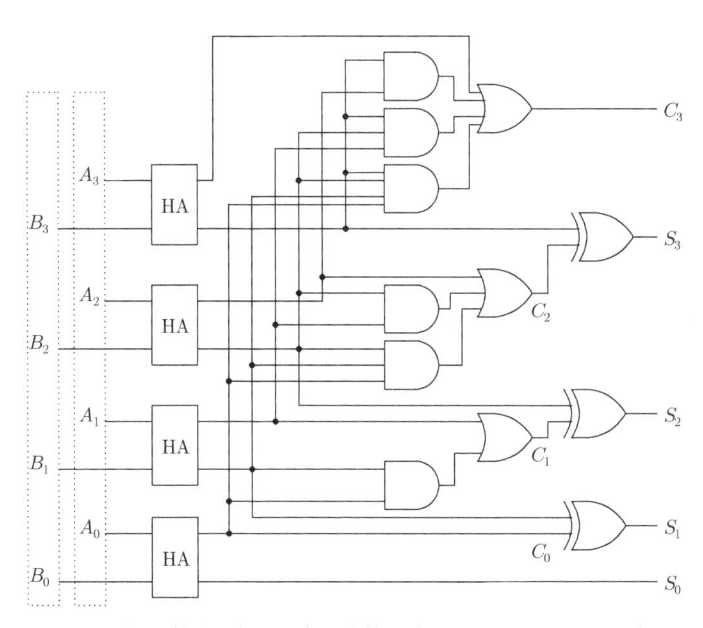

図 9.9 桁上げ先読み方式 4 ビット加算器（キャリールックアヘッド型）

$$S_n = C_{(n-1)} \oplus (A_n \oplus B_n) \tag{9.11}$$

であるから、各桁の加算結果は各桁の桁上げと $A_n \oplus B_n$ の排他的論理和となる。式 (9.6) から式 (9.11) を用いた加算器がキャリールックアヘッド型の加算器である。キャリールックアヘッド型の加算器の回路図を図 9.9 に示す。

9.2　減算器

減算を実現する回路を**減算器**（subtractor）という。2 進数の減算は引く数の 2 の補数を求め、引かれる数に加えることにより実現できる。2 の補数は、引く数の各ビットを反転させた数（1 の補数）に 1 を加えることで得られることから、2 進数の減算は、「引く数の各ビットを反転させた数」と「引かれる数」と「1」の加算により実現される。

図 9.10 に 4 ビット入力 A から 4 ビット入力 B を減ずる減算器の構成を示す。B の各桁の値を NOT で反転し、4 ビット加算器に加え A との和を求める。4 ビット加算器の最下位ビットに全加算器を用い、最下位の桁上げ入力 C_0 に 1 を入力することで、1 の加算を実現している。

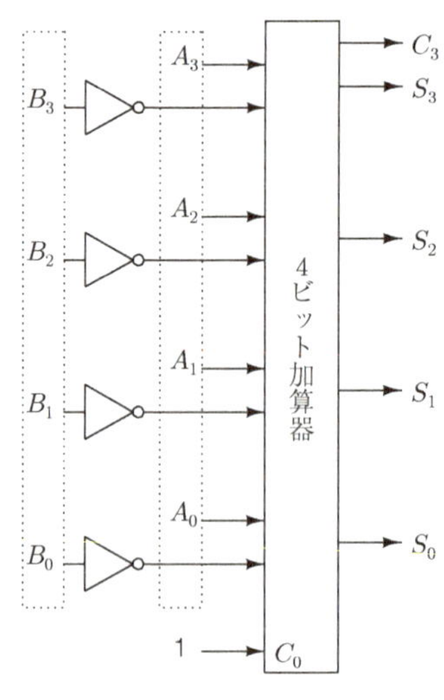

図 9.10　4 ビット減算器

例題 9.1

図 9.10 を拡張して、制御入力 C の値が 0 のときには加算器として動作し $A + B$ を出力し、1 のときには減算器として動作し $A - B$ を出力する 4 ビット加減算器を設計せよ。

解答

図 9.10 の減算器では NOT を用いて B の 1 の補数をつくり加算器に加えていた。加減算器では、NOT の代わりに、C の値に応じて B または B の 1 の補数を出力する回路を用いればよい。B の各桁の数の B_n および C を入力とし、加算器に入力する数 X_n を出力とする新たな補数器を設計する。補数器の真理値表を表 9.3 に示す。

表 9.3　補数器の真理値表

B_n	C	X_n
0	0	0
1	0	1
0	1	1
1	1	0

表 9.3 より、補数器の論理式は

$$X_n = B\overline{C} + \overline{B}C = B \oplus C \tag{9.12}$$

となる。これは図 9.10 の NOT を排他的論理和で置き換え、もう一方の入力に C を加えることで補数器が実現できることを示している。図 9.11 に加減算器の回路図を示す。

9.3 比較器

比較器（comparator）は、2 個の入力 A と B の一致の検出や大きさの比較をする回路である。データの一致を検出するときなどに用いられる。ここでは

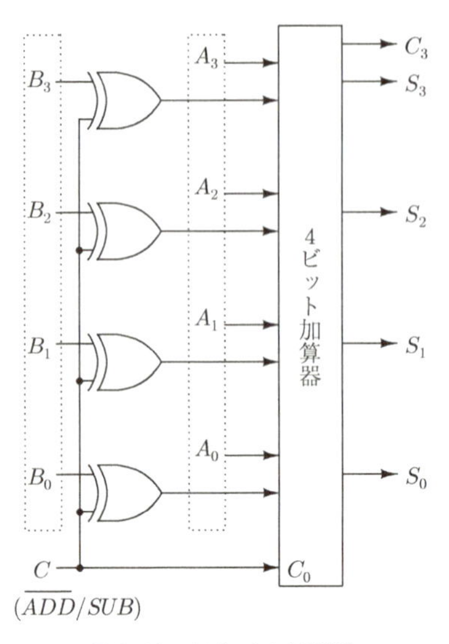

図 9.11　4 ビット加減算器

最も簡単な比較器である 1 ビットの比較器の設計を行う。入力信号 A および B に対して、X_0 から X_2 の 3 出力のいずれかが出力される。A と B が等しいときには X_0 が出力される。A が B より大きいとき（$A > B$）には X_1 が 1 となり、A が B より小さいとき（$A < B$）に X_2 が 1 となるとする。このような 1 ビット比較器の真理値表は表 9.4 となる。

表 9.4　1 ビット比較器の真理値表

A	B	X_0 $(A = B)$	X_1 $(A > B)$	X_2 $(A < B)$
0	0	1	0	0
0	1	0	0	1
1	0	0	1	0
1	1	1	0	0

表 9.4 より、各出力の論理式はそれぞれ

$$X_0 = AB + \overline{A}\overline{B} = \overline{A \oplus B} = \overline{A\overline{B} + \overline{A}B} = \overline{X_2 + X_1} \tag{9.13}$$

$$X_1 = \overline{A}B \tag{9.14}$$

$$X_2 = A\overline{B} \tag{9.15}$$

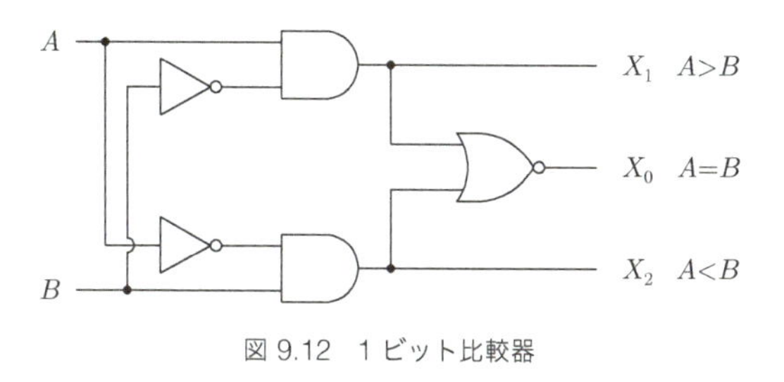

図 9.12 1 ビット比較器

となる。これらの出力を回路で実現すると図 9.12 を得る。

例題 9.2

図 9.12 を拡張し、2 ビットの 2 進数 A と B を比較する比較器を設計せよ。

解答

2 ビットの 2 進数の入力信号 A および B を、それぞれ A_1A_0 と B_1B_0 とする。2 ビットの比較器の真理値表を作成すると表 9.5 を得る。

各出力に対して論理式を作成し、簡単化を行うと

$$X_0 = \overline{A_1}\,\overline{A_0}\,\overline{B_1}\,\overline{B_0} + \overline{A_1}A_0\overline{B_1}B_0 + A_1\overline{A_0}B_1\overline{B_0} + A_1A_0B_1B_0 \quad (9.16)$$

$$\begin{aligned} X_1 &= \overline{A_1}A_0\overline{B_1}\,\overline{B_0} + A_1\overline{A_0}\,\overline{B_1}\,\overline{B_0} + A_1\overline{A_0}\,\overline{B_1}B_0 + A_1A_0\overline{B_1}\,\overline{B_0} \\ &\quad + A_1A_0\overline{B_1}B_0 + A_1A_0B_1\overline{B_0} \\ &= A_1\overline{B_1} + A_1A_0\overline{B_0} + A_0\overline{B_1}\,\overline{B_0} \end{aligned} \quad (9.17)$$

$$\begin{aligned} X_2 &= \overline{A_1}\,\overline{A_0}\,\overline{B_1}B_0 + \overline{A_1}\,\overline{A_0}B_1\overline{B_0} + \overline{A_1}\,\overline{A_0}B_1B_0 \\ &\quad + \overline{A_1}A_0B_1\overline{B_0} + \overline{A_1}A_0B_1B_0 + A_1\overline{A_0}B_1B_0 \\ &= \overline{A_1}B_1 + \overline{A_1}\,\overline{A_0}B_0 + \overline{A_0}B_1B_0 \end{aligned} \quad (9.18)$$

を得る。

これより回路を実現すると図 9.13 を得る。図 9.13 は機械的に導けて、入力から出力までの論理ゲートの数は最大で 3 段となる。一方で、その動作は人間にはわかりにくい。さらに多ビット数の比較器を作ろうとすると設計も困難になる。多ビットの回路を設計する場合には、1 ビットの回路を構成要素とする

表 9.5　2 ビット比較器の真理値表

A_1	A_0	B_1	B_0	$X_0\ (A=B)$	$X_1\ (A>B)$	$X_2\ (A<B)$
0	0	0	0	1	0	0
0	0	0	1	0	0	1
0	0	1	0	0	0	1
0	0	1	1	0	0	1
0	1	0	0	0	1	0
0	1	0	1	1	0	0
0	1	1	0	0	0	1
0	1	1	1	0	0	1
1	0	0	0	0	1	0
1	0	0	1	0	1	0
1	0	1	0	1	0	0
1	0	1	1	0	0	1
1	1	0	0	0	1	0
1	1	0	1	0	1	0
1	1	1	0	0	1	0
1	1	1	1	1	0	0

ことで回路の設計や動作の理解が容易となる。比較器の場合以下のように考えると多ビット化が実現できる。まず、入力 A および B の各桁を 1 ビットの比較器で比較する。2 ビットの比較器の場合、2 個の比較器を用いる。各桁の比較器の出力を X_{nm} とする。添字の n は入力信号の桁を意味し、m は 1 ビットの比較器の場合の意味と同じ意味とする。例えば X_{01} は A_0 と B_0 の比較の結果であり、A_0 が B_0 より大きいときに 1 となる出力である。A および B が等しいとき、X_{00} と X_{10} はともに 1 となるため、2 ビットの比較器の出力 X_0 は

$$X_0 = X_{00}X_{10} \tag{9.19}$$

となる。一方、A が B より大きくなるためには

- A の 2 桁目が B の 2 桁目より大きい
- A と B の 2 桁目が等しく、A の 1 桁目が B の 1 桁目より大きい

のいずれかである。そのため A が B より大きいときの 2 ビットの比較器の出力 X_1 は

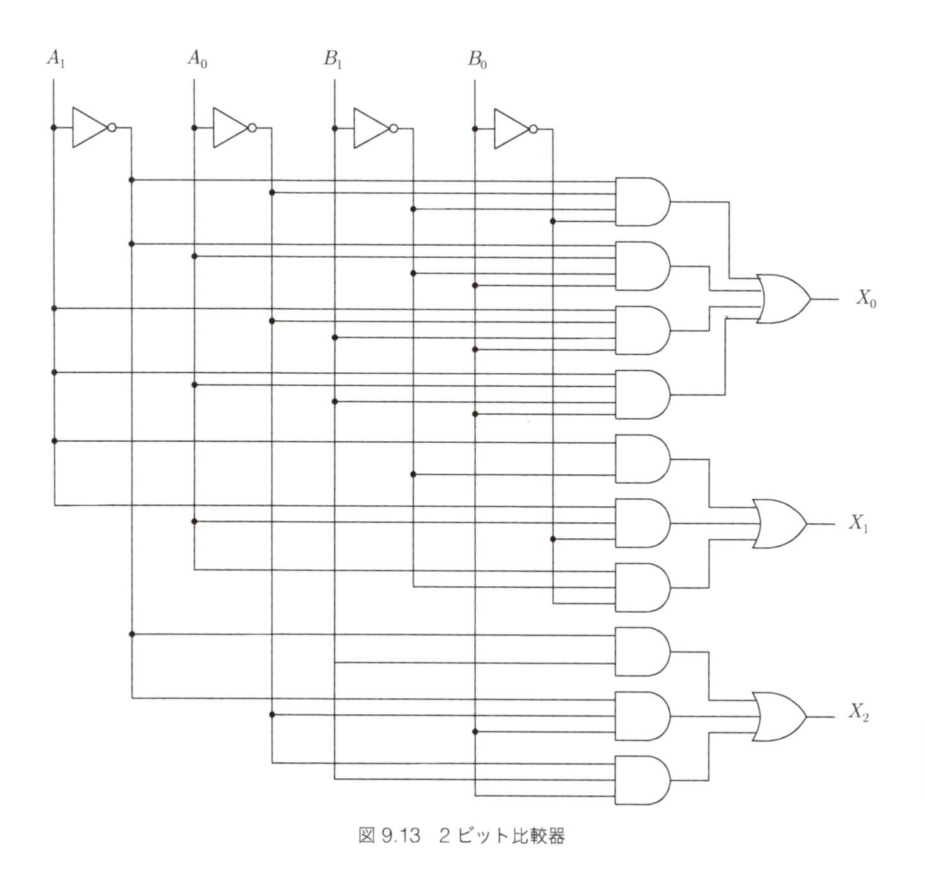

図 9.13 2 ビット比較器

$$X_1 = X_{11} + X_{10}X_{01} \tag{9.20}$$

となる。B が A より大きい場合は、上記の条件が逆となる場合であるから、X_2 は

$$X_2 = X_{12} + X_{10}X_{02} \tag{9.21}$$

となる。以上の論理式を回路で実現すると、図 9.14 を得る。

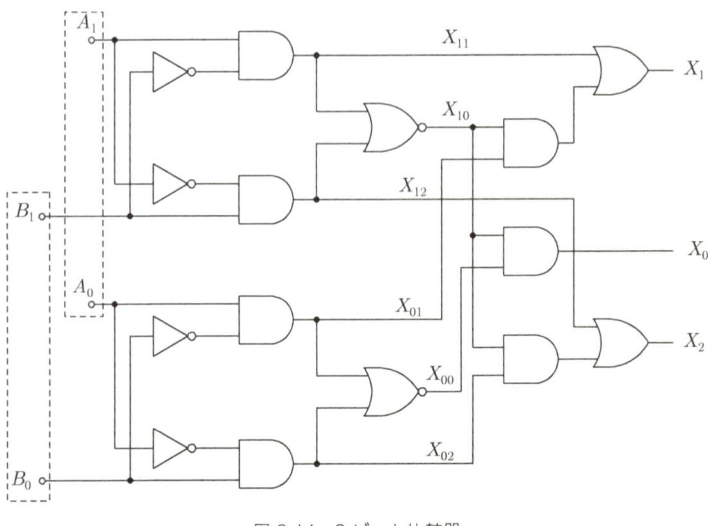

図 9.14　2 ビット比較器

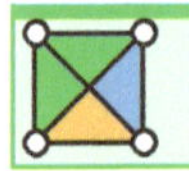

章末問題

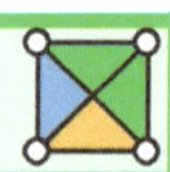

9.1 リプルキャリー型の加算器の長所と短所を説明せよ。

9.2 2 進数の減算は、補数を用いる方法以外に、加算と同様に直接減算を行う方法もある。直接減算を行う減算器について以下の問いに答えよ。

(1) 次の図および真理値表に表す半減算器（HS）の回路を求めよ。ただし、引かれる数 X_n と引く数 Y_n はともに 1 ビットの 2 進数とし、減算の結果を D_n とし、上位ビットに渡す桁借りデータを B_n とする。

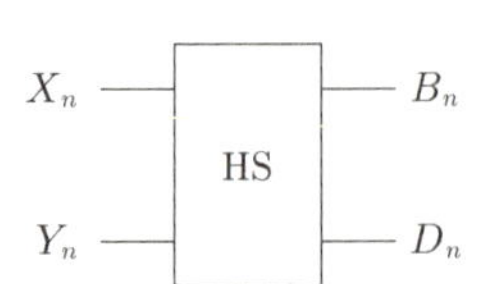

X_n	Y_n	D_n	B_n
0	0	0	0
0	1	1	1
1	0	1	0
1	1	0	0

(2) 半減算器 2 個用いて、下位からの桁借り入力 B_{n-1} を有する全減算器を構成せよ。

(3) 全半減算器を用いて、4 ビットの減算器を構成せよ。

9.3 比較器の用途として何が考えられるか答えよ。

9.4 1 ビットの比較器を複数個用いて 3 ビット比較器を構成せよ。

AI は足し算と掛け算の集合体？

AI（人工知能）という言葉を耳にすると、何か特別で高度なアルゴリズムが秘められているように感じるかもしれないが、その裏側で行っている演算は、実は基本的には膨大な「足し算」と「掛け算」の組み合わせにすぎない場合も多い。特にディープラーニングと呼ばれる手法では、ニューラルネットワークが多数の重みパラメータを用いて、入力データとの間で行列演算を繰り返している。例えば画像認識であれば、ピクセル情報を行列として扱い、そこに別の行列（重み）を掛け合わせることで特徴量を抽出し、最終的に「犬か猫か」などの判断を行う。

一つ一つの計算は単純であるが、その単純計算の膨大な反復を高速でこなす必要がある。そのため多くの AI システムでは、GPU（Graphics Processing Unit）や TPU（Tensor Processing Unit）など、並列演算に特化したディジタル回路が用いられる。GPU はもともとゲームなどの 3D グラフィックスの描画で大量のピクセル処理を並列処理するために開発されたが、行列演算を得意とする特性がニューラルネットワークの計算にも適している。例えば、画像を処理する際には数百万〜数千万におよぶ乗算と加算が必要となるが、GPU の演算ユニットはそれらを同時並行で実行することで、短時間で結果を得ることができる。また、Google が開発した TPU は行列演算専用の回路を持ち、推論や学習を高速かつ低消費電力で行えるように設計されている。

一見魔法のように思える AI も、内部では多数の演算回路がひたすら足し算と掛け算を繰り返すことで、AI の驚くべき機能を支えている。このため、和や積といった基本的な演算を効率的に実現する回路が重要になっており、より効率的な積和演算を実現する回路の開発に各社がしのぎを削っている。

第10章 順序回路の基礎

これまで学んできた組み合わせ回路は、入力だけで出力が決まる回路であった。しかしディジタル回路には、同じ入力であっても現在の状態に応じて異なる出力をすることが求められる回路もある。そのような場合に順序回路が用いられる。本章では、まず、順序回路の基本構成と表現方法を学んだあとに、順序回路において記憶素子として用いられるフリップフロップについて学ぶ。

本章のポイント

- 順序回路の動作は状態遷移図と状態遷移表で表される。
- NOT などの否定を含む論理ゲートを円環状に接続すると記憶素子（ラッチ）が構成できる。
- クロックに同期して入力を読み取る回路やラッチを同期式という。
- フリップフロップ（FF）はクロックの立ち上がり、または立ち下り時のみに入力を読み取るラッチである。
- D-FF は、入力を読み取り保持するフリップフロップである。
- フリップフロップには SR-FF、JK-FF、T-FF などの種類があるが、いずれも D-FF を用いて実現できる。

10.1 順序回路の構成

順序回路（sequential circuit）の基本構成を図 10.1 に示す。順序回路は、組み合わせ回路と**記憶素子**（memory element）からなる。記憶素子は現在の状態を保持し、組み合わせ回路には入力と現在の状態が入力される。そのため、順序回路は同じ入力が加えられた場合でも直前の状態に応じて異なる値を出力する。

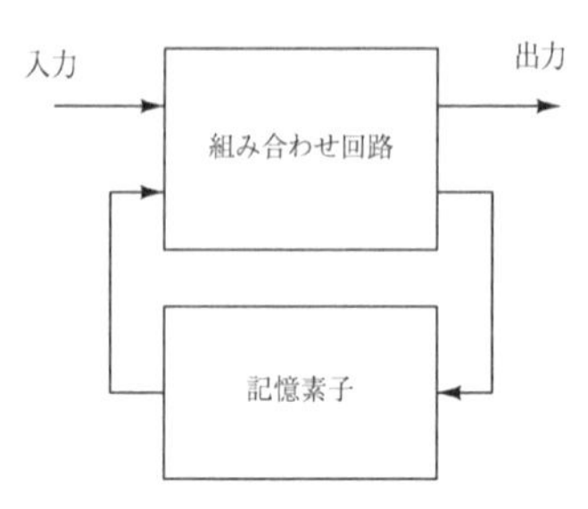

図 10.1　順序回路の基本構成

順序回路には**ムーア型**（Moore machine）と**ミーリー型**（Mealy machine）がある。ムーア型の順序回路は図 10.2（a）のブロック図で表され、出力は現在の状態のみに依存する。これに対して、図 10.2（b）に示すミーリー型の順序回路の出力は現在の状態と入力の両方に依存する。ムーア型では出力が現在の状態にのみ依存するため、設計は簡単となり、入力にハザード*1 が生じた場合にも出力に影響を与えることがない。反面、入力の変化が出力に反映されるのは次の動作時となるため、出力の応答は最大で 1 クロック分遅れる。また、回路の内部状態の数が増えるため回路規模が大きくなる傾向がある。これに対してミーリー型は、出力が現在の入力と状態に依存する。入力が変化してから出力

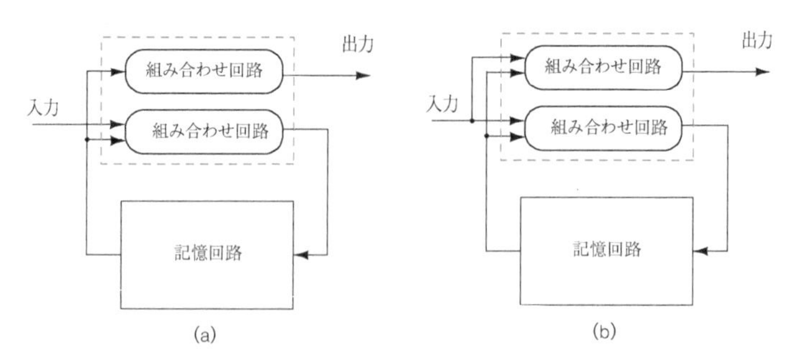

図 10.2　順序回路のブロック図（a）ムーア型（b）ミーリー型

＊1　ハザードとは、入力信号の遅延により生ずるひげ状の短時間な意図しないパルスである。

が変化するまでの応答速度が早い反面、入力にハザードが生じた場合に出力が誤動作する可能性がある。ムーア型は安定性と設計のシンプルさに利点があり、ミーリー型は応答速度に利点がある。集積回路の動作速度の高速化と集積度の向上によりムーア型のデメリットは軽減されるため、高速動作が必要となる場合を除いてムーア型の順序回路が使われることが増えている。これ以降、本書ではムーア型の順序回路を扱う。

10.2 順序回路の表現方法

組み合わせ回路の動作が真理値表によって表されるのに対して、順序回路は入力に加えて直前の状態により次の状態（出力）が決まるため、動作は状態遷移表と状態遷移図により表される。

例として、信号機を実現する順序回路を取り上げて順序回路の動作および表現方法を説明する。考える信号機には緑、黄、赤の 3 種類のライトがあり、外部のタイマからの入力 A が加わるたびに緑、黄、赤の順に点灯する。タイマからの入力 A は、信号の点灯状態を変えるタイミングで一定時間 1 となったのち、再び 0 となるものとする。

順序回路の理解には「状態」の考え方の理解が必要になる。この例の信号機では、緑、黄、赤の 3 種類のライトが点灯する 3 状態がある。ここでは、緑が点灯している状態を S_0、黄が点灯している状態を S_1、赤が点灯している状態を S_2 とする。S_0（緑のライトが点灯している状態）のときに入力 A が入力されると、S_1（黄のライトが点灯している状態）に遷移する。同様に S_1（黄のライトが点灯している状態）のときに入力 A が加わると、S_2（赤のライトが点灯している状態）に遷移する。この例では、出力を緑、黄、赤の 3 種類のライトの点灯を制御する信号を X とする。出力 X の各ビットが赤黄緑のライトにそれぞれ対応するとして、S_0 では 001 を出力し、S_1 と S_2 ではそれぞれ 010 と 100 を出力する。以上の動作を、入力 A と現在の状態に対する次の状態と出力 X の関係を表に表すと、表 10.1 となる。この表を**状態遷移表**（state transition table）と呼ぶ。

表 10.1 の動作を視覚的に表した図が**状態遷移図**（state transition diagram）である。信号機の状態遷移図を図 10.3 に示す。図内の円がこの順序回路が取り

表 10.1　信号機の状態遷移表

入力 A	現在の状態	次の状態	出力 X
0	S_0	S_0	001
1	S_0	S_1	010
0	S_1	S_1	010
1	S_1	S_2	100
0	S_2	S_2	100
1	S_2	S_0	001

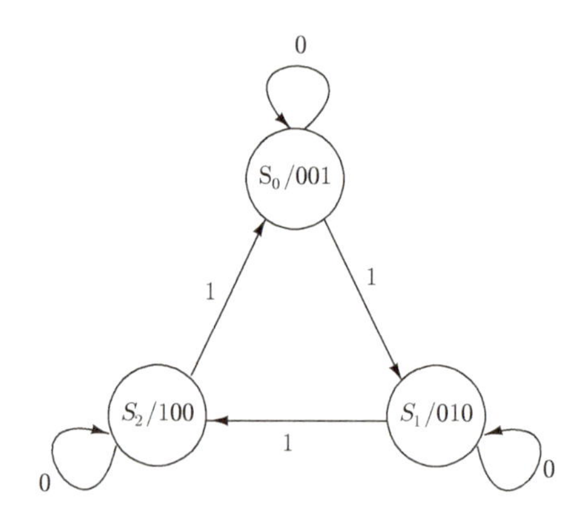

図 10.3　信号機の状態遷移図

うる状態を表している。円の内部には、各状態の名称とその状態における出力を記載する。矢印は状態の遷移を意味する。矢印に添えて記載されている値は入力を意味し、記載された入力が加わった際に矢印の状態遷移が起こることを示している。信号機の例の場合、タイマからの入力 A がない場合（$A = 0$）には出力の変化は生じない。これを各状態から同じ状態への遷移として表現している。

10.3　ラッチ

順序回路内部で現在の状態を保持する記憶素子としては、**フリップフロップ**（**FF**：Flip-Flop）が用いられる。フリップフロップは、**ラッチ**（latch）にクロックの立ち上がり、または立ち下がり時のみに入力を読み取る機能を追加した素子である。フリップフロップを理解するために、本節ではラッチについて学ぶ*2。

10.3.1 SR ラッチ

ラッチの動作原理の理解のために、まず2個のNOTを円環状に接続した図10.4の回路を考える。初期状態でNOT1の出力が1であるとすると、NOT2の出力は0となり回路は安定な状態となる。NOT1の出力をこの回路の出力とすると、出力はNOTが電源に接続されている限り保持される。

図10.4の保持内容を外部から設定するため、NOTの代わりにNORを用いて図10.5（a）を構成する。まず、図10.5（a）が図10.4と同様な保持動作が可能であることを示す。NORは一方の入力が0のとき、もう一方の入力の否定を出力するNOT素子として動作することから、入力 S および R をともに0とすると、NOR1およびNOR2は入力Sおよび R をともに0とした時刻の出力を保持し続ける。このときNOR1の出力を Q（Q は1と0のいずれでもよ

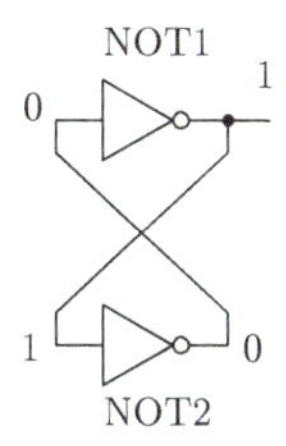

図 10.4　NOT で実現したラッチ

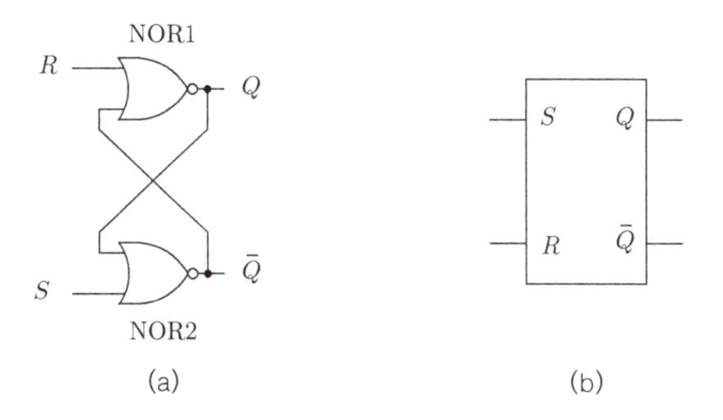

図 10.5　NOR で実現したラッチ（a）回路構成（b）図記号

*2　ラッチとフリップフロップを区別しないこともあるが、本書では区別する。

い）とすると、NOR2 の出力は $\overline{Q}$ となる。

次に、ラッチに所望の値を保持させる方法について述べる。NOR1 の入力 R を 0 に保ったまま、NOR2 の入力 S を 1 とする。NOR は片方の入力が 1 のとき出力は 0 となるため、NOR2 の出力は 0 となる。このとき、NOR1 の入力はともに 0 となるため、出力は 1 となる。つまり、NOR1 の出力を 1、NOR2 の出力を 0 と外部から設定できる。この状態で再び入力 S を 0 に戻すと、出力 $Q=1$ は保持される。逆に、入力 S を 0 に保ったまま入力 R のみを 1 とすると、NOR1 の出力は 0、NOR2 の出力は 1 に設定される。S はラッチの出力である Q を 1 に設定できるためセット（S）と呼ばれ、R は Q を 0 に設定できるためリセット（R）と呼ばれる。図 10.5（a）は、セット、リセット、保持の 3 状態がある記憶素子であり、**SR ラッチ**と呼ばれる。SR ラッチの図記号を図 10.5（b）に示す。

S と R をともに 1 とすることは通常禁止される。これは、S と R をともに 1 としてから保持状態（$S=R=0$）とすると、そのときの出力状態が 1 または 0 のいずれとなるか不明であるためである。S と R をともに 1 とすると、Q と $\overline{Q}$ はいずれも 0 となる。この状態から S と R をともに 0 とし、保持状態とする際に S と R を同時に 0 とすることは難しい。このため、S または R のいずれか一方が 1 である過渡的な状態が生ずる。つまり、SR ラッチはセットまたはリセットのいずれかの状態を経てから保持状態となる。このため、保持される出力はセットまたはリセットのいずれかとなる。出力がいずれとなるかは信号の遅延に依存するため不明となる。そのため、S と R をともに 1 とすることは禁止とされるのである*3。

SR ラッチの状態遷移表を表 10.2 に示す。SR ラッチは、入力が変化したタイミングで出力が変化する。このような回路を**非同期式回路**（asynchronous circuit）と呼ぶ。

S、R、Q_n を入力として Q_{n+1} を表した論理式を**特性方程式**（characteristic equation）と呼ぶ。SR ラッチの特性方程式は、$S=R=1$ をドントケアとして簡単化すると

*3　$S=R=1$ としても素子が壊れるわけではない。$S=R=1$ の直後に $S=R=0$ として保持する動作の出力が不定となるだけである。$S=R=1$ のあとには必ずセットまたはリセットしてから使うのであれば問題は生じない。

表 10.2　SR ラッチの状態遷移表

入力 SR	現在の状態 Q_n	次の状態 Q_{n+1}
00	0	0
00	1	1
01	ϕ	0
10	ϕ	1

$$Q_{n+1} = S + \overline{R}Q_n \tag{10.1}$$

となる。ただし $SR = 0$ である。

例題 10.1

図 10.6 は NAND を用いた SR ラッチである。図 10.6 の状態遷移表を書き、図 10.6 の入力 A および B のいずれがセット S となるか答えよ。

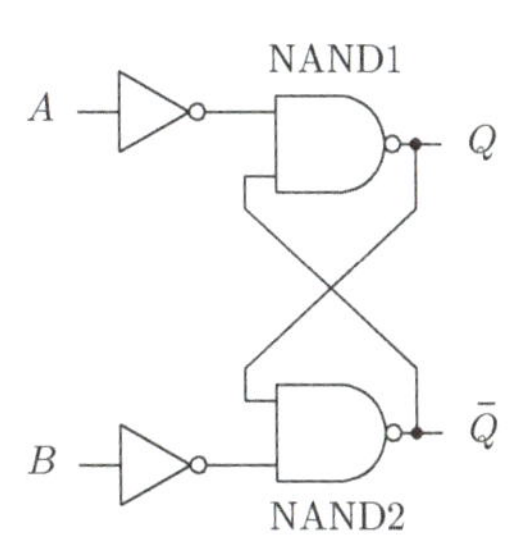

図 10.6　NAND で実現した SR ラッチ

解答

NAND は一方の入力に 0 を入力するともう一方の入力にかかわらず 1 を出力することから、NAND1 の入力が 0 となるとき $Q = 1$ にセットされる。つまり $A = 1$ のとき $Q = 1$ となる。このことから、この SR ラッチは A がセット S であり、B がリセット R であることがわかる。また、NAND は一方の入力に 1 を入力するともう一方の入力に対して NOT として動作する。そのため A および B が 0 となるとき状態を保持する。これらのことから、図 10.6 が SR ラッチとして動作することがわかる。図 10.6 の状態遷移表は表 10.3 となる。

表 10.3　図 10.6 の状態遷移表

入力 AB	現在の状態 Q_n	次の状態 Q_{n+1}
00	0	0
00	1	1
01	1	0
01	0	0
10	1	1
10	0	1

10.3.2 同期式 SR ラッチ

SR ラッチは、入力信号が変化すると出力が変化する。このため、入力に接続された機械式スイッチがチャタリングを生ずる場合など、入力が変動すると意図しない出力変動を生ずる。また、SR ラッチの後段の回路の処理が終了する前に入力が変更されると後段の回路が誤動作を起こす原因となる。そこで、入力を読み込むタイミングを制御可能にした SR ラッチが、図 10.7 (a) のイネーブル (enable) 入力付き SR ラッチである。イネーブル入力付き SR ラッチは、S と R に加え、イネーブル入力 E を有する。図 10.7 (a) は NAND1 と NAND2 で実現された非同期式 SR ラッチの前段に NAND3 と NAND4 を接続した構成になっている。$E = 1$ のときは NAND3 と NAND4 は NOT として動作するため、図 10.6 の非同期式 SR ラッチと同じ動作をする。$E = 0$ のときは、S と R の値にかかわらず NAND1 と NAND2 の入力はともに 0 となり、出力を保持する。

以上を状態遷移表で表すと表 10.4 となる。イネーブル入力にクロックを入力すると、SR ラッチはほかの回路と同期させて動作させることができる。このため、イネーブル入力付き SR ラッチは**同期式 SR ラッチ** (synchronous SR latch) とも呼ばれる。イネーブル入力は**クロック** (CLK) と表記されることも多い。図 10.7 (b) に同期式 SR ラッチの図記号を示す。

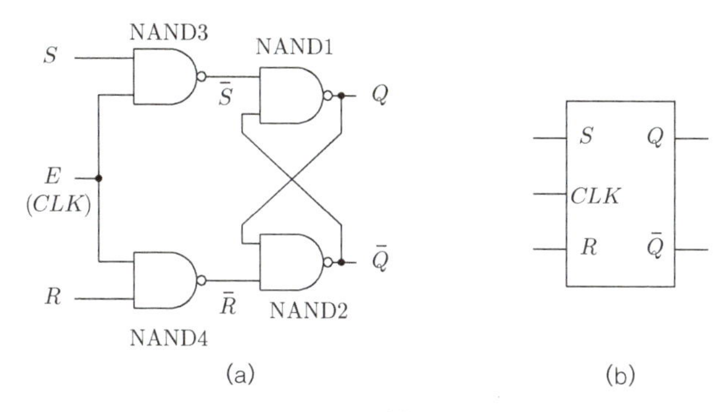

図 10.7　同期式 SR ラッチ（a）回路構成（b）図記号

表 10.4　イネーブル入力付き SR ラッチの状態遷移表

$E(CLK)$	入力 SR	現在の状態 Q_n	次の状態 Q_{n+1}
1	00	0	0
1	00	1	1
1	01	ϕ	0
1	10	ϕ	1
0	ϕ	0	0
0	ϕ	1	1

例題 10.2

図 10.8 の**タイミングチャート**（timing chart，入出力を時間軸で並べた図）で示される入力 S、R、E がイネーブル入力付き SR ラッチに加えられたときの、出力 Q を書け。

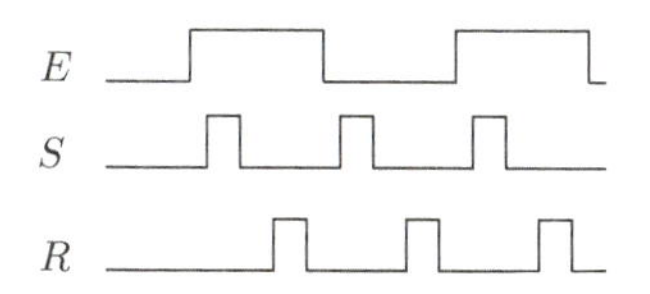

図 10.8　同期式 SR ラッチの入力信号のタイミングチャート

解答

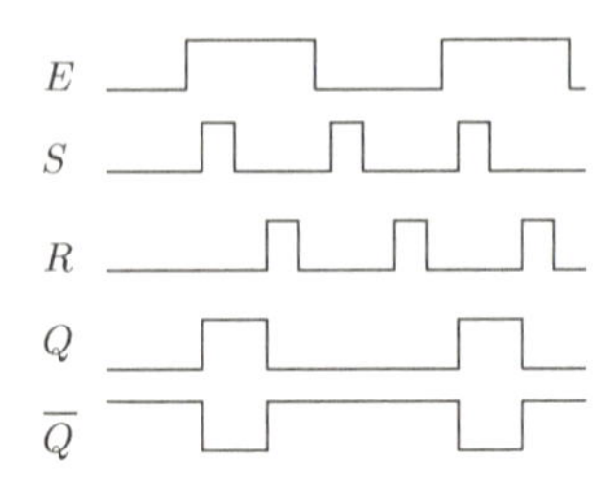

図 10.9　図 10.8 に対する出力のタイミングチャート

10.3.3 同期式 D ラッチ

同期式 SR ラッチにおいて保持動作を $E = 0$ のみを用いて行う場合、$S = R = 0$ は不要となる。このとき入力はセット（$S = 1$、$R = 0$）またはリセット（$S = 0$、$R = 1$）のいずれかとなる。いずれの入力も $R = \overline{S}$ であるから、図 10.10（a）のように同期式 SR ラッチの NAND3 の出力を NAND4 の入力 R に入力し、1 入力とした同期式ラッチを**同期式 D ラッチ**（synchronous D latch）と呼ぶ。同期式 D ラッチの入力は、S ではなく一般に D と表記される。同期式 SR ラッチと同様にイネーブル入力（CLK）が 0 のときは、入力 D に関係なく $\overline{S} = \overline{R} = 1$ となるため、NAND1 と NAND2 からなる非同期式

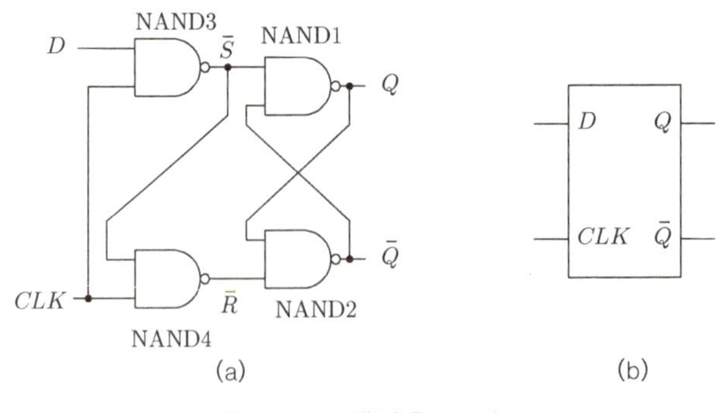

図 10.10　同期式 D ラッチ

表 10.5 同期式 D ラッチの状態遷移表

CLK	D	Q_n	Q_{n+1}
0	0	0	0
0	1	0	0
0	0	1	1
0	1	1	1
1	0	ϕ	0
1	1	ϕ	1

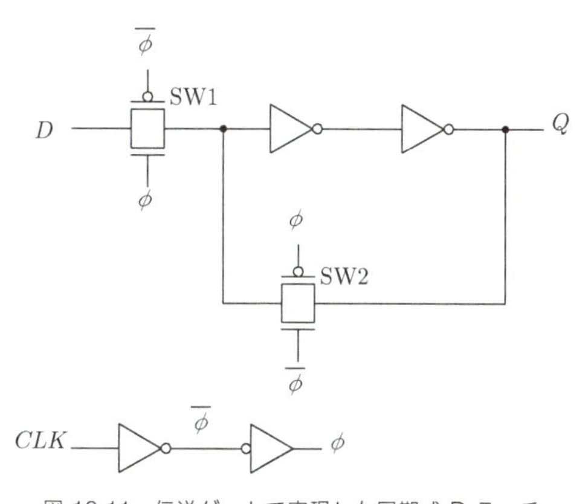

図 10.11 伝送ゲートで実現した同期式 D ラッチ

SR ラッチは出力を保持する。$CLK = 1$ のときは入力 D に応じた出力 Q を出力する。入力 $D = 1$ のときは出力 Q を 1 にセットし、入力 $D = 0$ のときは出力 Q を 0 にリセットする。つまり、同期式 D ラッチは $CLK = 1$ の間に入力されたデータ D を読み取り $Q = D$ とし、$CLK = 0$ の間はその値を保持する記憶素子である。図 10.10（b）に同期式 D ラッチの図記号を示す。以上の同期式 D ラッチの動作を状態遷移表に表すと表 10.5 となる。

同期式 D ラッチは伝送ゲートを用いて図 10.11 のようにも構成できる。図 10.11 は MOSFET を用いて実現したスイッチ*4 2 個と、2 個の NOT からなる。CLK が 1 のとき、SW1 は導通し、SW2 は遮断する。このとき入力は 2 個の NOT を介して出力されるため $Q = D$ となる。一方、CLK が 0 のとき、SW1 は遮断し SW2 は導通する。このとき、2 個の NOT はラッチを構成するため直

*4 n チャネル MOSFET と p チャネル MOSFET を用いたスイッチを、伝送ゲートまたは CMOS スイッチと呼ぶ。各 MOSFET のゲートには CLK と同相の ϕ と CLK を反転した $\overline{\phi}$ を加える。

前の Q が保持される。この構成は、図 10.10（a）の構成に比べて使用するトランジスタの数が少ないためよく用いられる。

10.4 ラッチを用いた回路の誤動作

同期式 SR ラッチおよび同期式 D ラッチは CLK が 1 となる期間のみ動作するため、回路内の各部と同期した動作が可能である。しかし、$CLK = 1$ である期間は非同期式 SR ラッチと同様に動作するため、その間に入力電圧が変化すると即座に出力も変化して意図しない誤動作を生ずる。例として図 10.12 の回路を考える。いま回路の初期状態として $Q = 1$ と $\overline{Q} = 0$ であるとする。この出力は同期式 D ラッチの入力に接続されているため、同期式 D ラッチには $D = 0$ が入力される。この入力が加えられると同期式 D ラッチの出力は初期状態から反転する。出力状態の反転は素子のサイズや寄生容量などで定まる遅延時間のあとに生ずる。この出力も再び出力状態を反転させる入力として同期式 D ラッチに加わるため、$CLK = 1$ の間は、一定周期で出力が反転し続ける発振状態となる。このとき、出力は入力とは関係なく変化し続けるため、回路は誤動作する。この例では $\overline{Q}$ と D が直接接続されているため発振は明らかであるが、実際の回路では Q または $\overline{Q}$ を入力とした続く論理回路の出力が D に戻ることがある。この場合、論理回路の遅延時間とクロックの関係により発振の有無が決まる。このようにラッチを用いた回路や非同期式回路は、複数信号の遅延に依存した誤動作（**レーシング**）が生ずる可能性があるため、注意が必

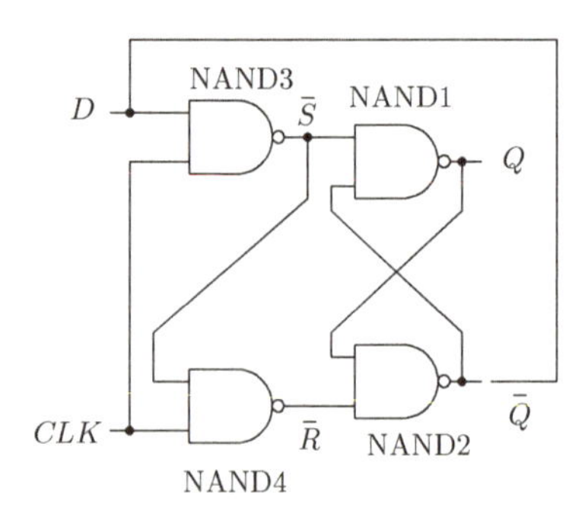

図 10.12　誤動作が生ずる例

要である。

10.5　フリップフロップ

同期式ラッチは入力を読み取る期間と出力が変化する期間に重なりがあるため、出力を入力に戻す構成で用いるとレーシングなどの誤動作を生ずることがある。記憶素子の入力を読み取る期間と出力が変化する期間に重なりが存在しなければ、誤動作は生じない。このように工夫したラッチを**フリップフロップ**（**FF**：Flip Flop）と呼ぶ。フリップフロップは、用いるラッチによって名称が変わる。例えば、同期式 D ラッチを用いたフリップフロップは D フリップフロップ（**D-FF**）と呼ばれる。

通常フリップフロップは、入力を読み取る時刻をクロックの立ち上がり、または立ち下がりの時刻に限定することで実現される。このようなフリップフロップを**エッジトリガ型 FF** と呼ぶ。エッジトリガ型 FF にはいくつかの構成があるが、最も簡単な構成に**マスター・スレーブ型 FF***5 がある。

例として、図 10.13 に、同期式 D ラッチを用いて構成したマスター・スレーブ型 D-FF の構成を示す。マスター・スレーブ型 D-FF は、2 個の同期式 D ラッチを縦続接続した構成になっている。それぞれのラッチには論理を反転したクロックが入力され、交互に動作する。

初段に位置し入力の読み取りを行うラッチを**マスターラッチ**（master latch）と呼ぶ。クロックが 1 の期間に、マスターラッチは入力を読み取る。クロック

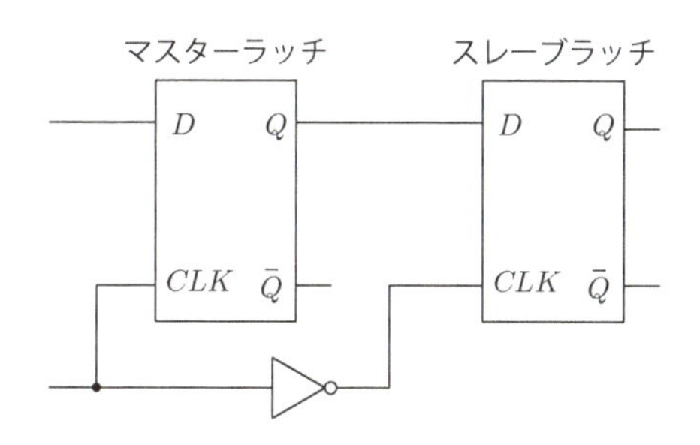

図 10.13　マスター・スレーブ型 FF の構成（D-FF）

*5　マスター・スレーブ型 FF は、プライマリ・セカンダリ型 FF と呼ばれることもある。

が 0 になるとマスターラッチの出力は保持され、次段の**スレーブラッチ**（slave latch）に加えられる。スレーブラッチには反転したクロックが入力されるため、クロックが 0 になるとスレーブラッチはマスターラッチの出力に応じた値を出力する。クロックが 0 の期間はマスターラッチの出力は入力が変化しても一定であるから、スレーブラッチの出力が入力に応じて変化することはない。

マスターラッチの出力は、クロックが 1 から 0 になる時刻の入力に応じて定まる。クロックが 1 の間に入力が変化してもその期間スレーブラッチは出力を保持しているため、出力が変化することはない。スレーブラッチが動作する時刻は、マスターラッチが出力を確定する時刻から NOT の遅延時間分だけ遅延している。ここで、マスターラッチとスレーブラッチが同時に動作することはないため、誤動作は生じない。この例ではクロックが 1 から 0 に立ち下がる時刻に入力を読み取る。このようなフリップフロップを**ネガティブエッジトリガ型 FF** と呼ぶ。先に説明した図 10.13 は、マスターラッチとスレーブラッチが動作するネガティブエッジトリガ型 FF である。また、マスターラッチとスレーブラッチが動作する論理を図 10.13 と逆にすると、**ポジティブエッジトリガ型 FF** になる。ポジティブエッジトリガ型 FF はネガティブエッジトリガ型 FF とは逆に、クロックが 0 から 1 に立ち上がる時刻に入力を読み取るフリップフロップである。

10.5.1 フリップフロップの種類

フリップフロップには、先に例として挙げた D-FF のほか、SR-FF、JK-FF、T-FF などがある。

D-FF は、入力を読み取る時刻をクロックの立ち上がり、または立ち下がりの時刻に限定した同期式 D ラッチである。ポジティブエッジトリガ型 D-FF の状態遷移表を表 10.6、図記号を図 10.14（a）に示す。CLK に記載されている三角形により、クロックの立ち上がりまたは立ち下りで動作するフリップフロップであることを見分けられる。また、ネガティブエッジトリガ型の図記号は、図 10.14（b）のように CLK に○が付けられる。

SR-FF は、セット、リセット機能をもつフリップフロップである。エッジトリガ型の動作をすることを除くと、同期式 SR ラッチと同様の動作をする。ポ

表 10.6 D-FF（ポジティブエッジトリガ型）の状態遷移表

CLK	D	Q_n	Q_{n+1}
↑ *6	0	ϕ	0
↑	1	ϕ	1
0 または 1	ϕ	0	0
0 または 1	ϕ	1	1

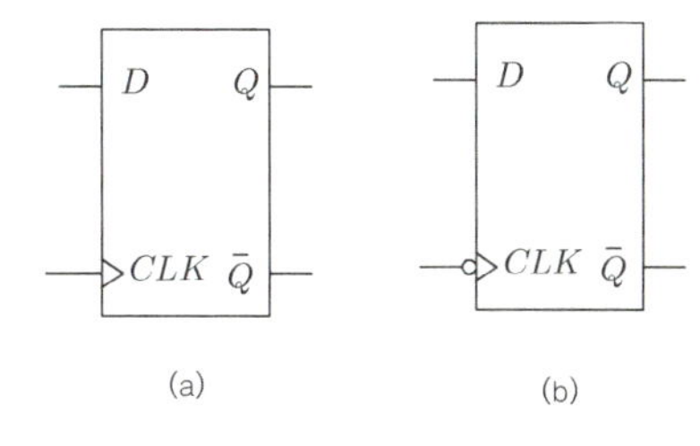

図 10.14 D-FF の図記号（a）ポジティブエッジトリガ型（b）ネガティブエッジトリガ型

ジティブエッジトリガ型 SR-FF の状態遷移表を表 10.7、図記号を図 10.15 に示す。

表 10.7 SR-FF（ポジティブエッジトリガ型）の状態遷移表

CLK	SR	Q_n	Q_{n+1}
↑	01	ϕ	0
↑	10	ϕ	1
0 または 1	ϕ	0	0
0 または 1	ϕ	1	1

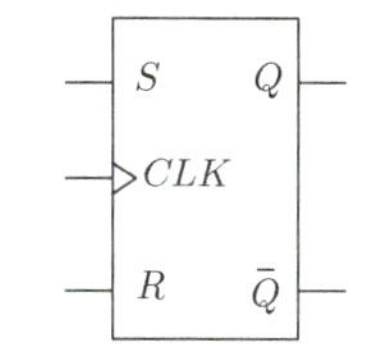

図 10.15 SR-FF（ポジティブエッジトリガ型）の図記号

JK-FF は SR-FF の禁止入力を解消したフリップフロップである。JK-FF の状態遷移表と図記号を、表 10.8 と図 10.16 にそれぞれ示す。JK-FF の J と K はそれぞれ SR-FF の S と R に対応しており、セットおよびリセット入力である。JK-FF は SR-FF とは異なり、$J = K = 1$ の入力が許容される。$J = K = 1$ のとき出力は反転する。$Q = 1$、$Q = 0$ の状態で $J = K = 1$ が入力されると $S = 0$、$R = 1$ となり、$Q = 0$、$Q = 1$ の状態で $J = K = 1$ が入力されると $S = 1$、$R = 0$ となる。JF-FF は、SR-FF を用いて図 10.17 のように実現できる。

T-FF は、入力されるたびに状態が反転するフリップフロップである。T-FF の状態遷移表と図記号を、表 10.9 と図 10.18 にそれぞれ示す。また T-FF は、D-FF または JK-FF を用いて図 10.19 のように実現できる。

*6 「↑」はクロックの立ち上がりを意味する。

表 10.8　JK-FF（ポジティブエッジトリガ型）の状態遷移表

CLK	JK	Q_n	Q_{n+1}
↑	01	ϕ	0
↑	10	ϕ	1
↑	11	0	1
↑	11	1	0
0 または 1	ϕ	0	0
0 または 1	ϕ	1	1

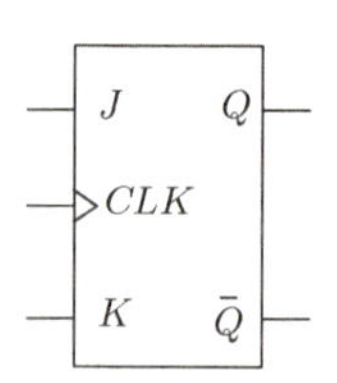

図 10.16　JK-FF（ポジティブエッジトリガ型）の図記号

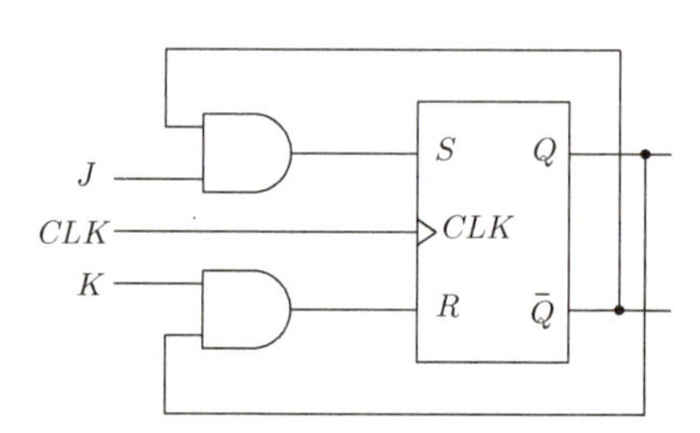

図 10.17　SR-FF で実現した JK-FF

表 10.9　T-FF（ポジティブエッジトリガ型）の状態遷移表

T	Q_n	Q_{n+1}
↑	0	1
↑	1	0
0 または 1	0	0
0 または 1	1	1

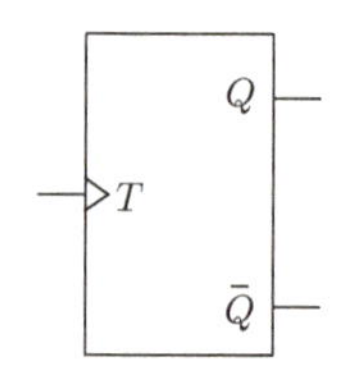

図 10.18　T-FF（ポジティブエッジトリガ型）の図記号

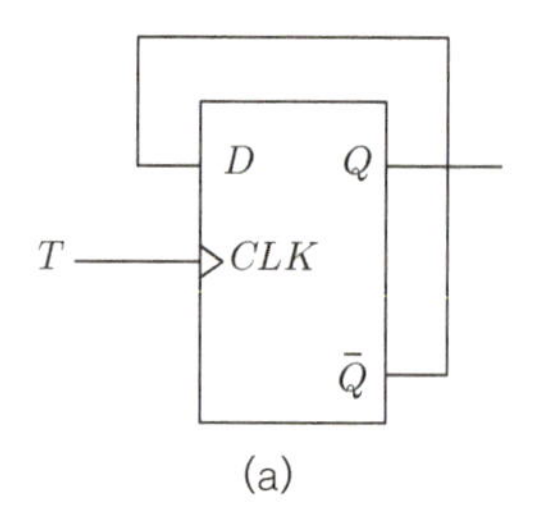

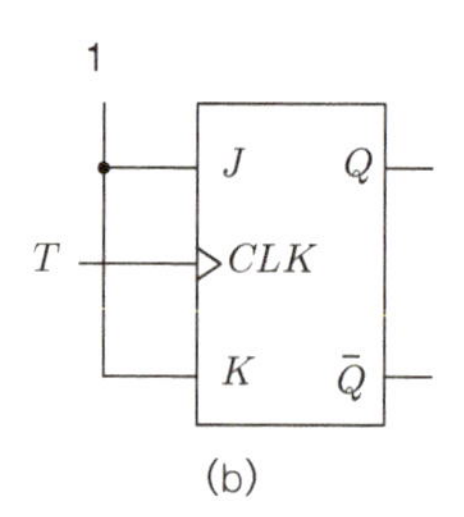

図 10.19　(a) D-FF で実現した T-FF　(b) JK-FF で実現した T-FF

10.5.2 フリップフロップの変換

各フリップフロップの機能は別のフリップフロップを用いて実現することができる。実現したいフリップフロップは、図 10.20 のように用いるフリップフロップと論理回路で実現される。

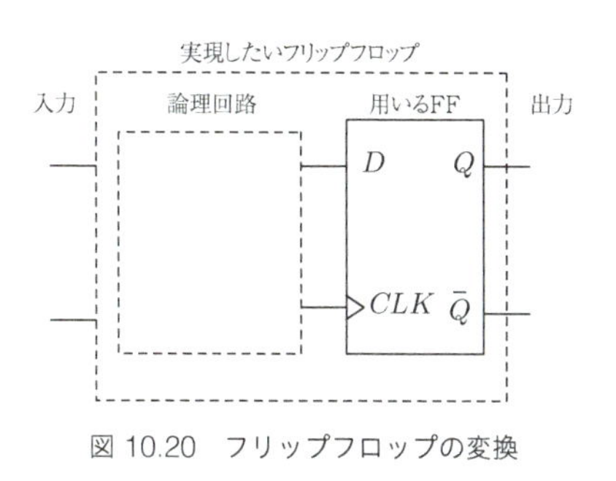

図 10.20　フリップフロップの変換

ここでは例として D-FF を用いて SR-FF を実現する。回路全体として SR-FF の機能を実現するために、D-FF の前段に S、R、Q、$\overline{Q}$ を入力とした論理回路を配置し、D-FF の出力が SR-FF と同等となるために必要な D を出力する。$S = 1$ および $R = 0$ が入力されたときは $Q_{n+1} = 1$ でなければならないため、Q_n の値によらず $D = 1$ となればよい。$S = 0$ および $R = 1$ が入力されたときは、$Q_{n+1} = 0$ でなければならないため、Q_n の値によらず $D = 0$ となればよい。$S = 0$ および $R = 0$ が入力されたときは $Q_{n+1} = Q_n$ でなければならないため、$D = Q_n$ となればよい。以上を論理式で表すと

$$D = S\overline{R} + \overline{S}\overline{R}Q_n \tag{10.2}$$

となる。$S = R = 1$ をドントケアとして簡単化すると

$$D = S + \overline{R}Q_n \tag{10.3}$$

となるため、図 10.21 を得る。

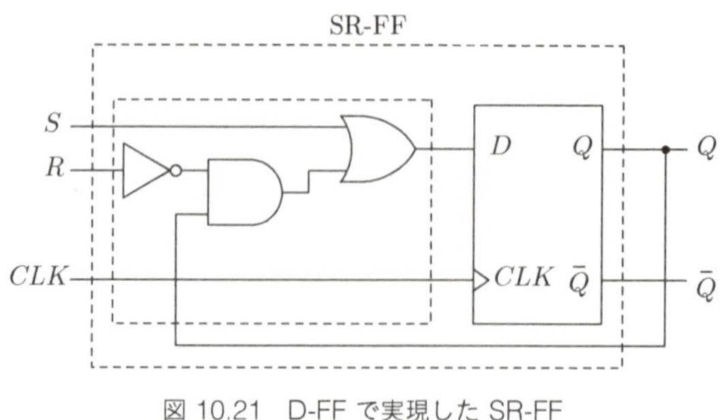

図 10.21　D-FF で実現した SR-FF

例題 10.3

D-FF を用いて JK-FF を実現せよ。

解答

図 10.20 の構成で JK-FF を論理回路と D-FF で実現する場合、$J = 1$ および $K = 0$ が入力されたときは $Q_{n+1} = 1$ でなければならないため、Q_n の値によらず $D = 1$ となればよい。$J = 0$ および $K = 1$ が入力されたときは $Q_{n+1} = 0$ でなければならないため、Q_n の値によらず $D = 0$ となればよい。$J = 0$ および $K = 0$ が入力されたときは $Q_{n+1} = Q_n$ でなければならないため、$D = Q_n$ となればよい。$J = 1$ および $K = 1$ が入力されたときは $Q_{n+1} = \overline{Q_n}$ でなければならないため、$D = \overline{Q_n}$ となればよい。以上を論理式で表すと

$$D = J\overline{K} + \overline{J}\overline{K}Q_n + JK\overline{Q_n} \tag{10.4}$$

となる。これを簡単化すると

$$D = J\overline{Q_n} + \overline{K}Q_n \tag{10.5}$$

となるため、JK-FF は図 10.22 で実現できる。

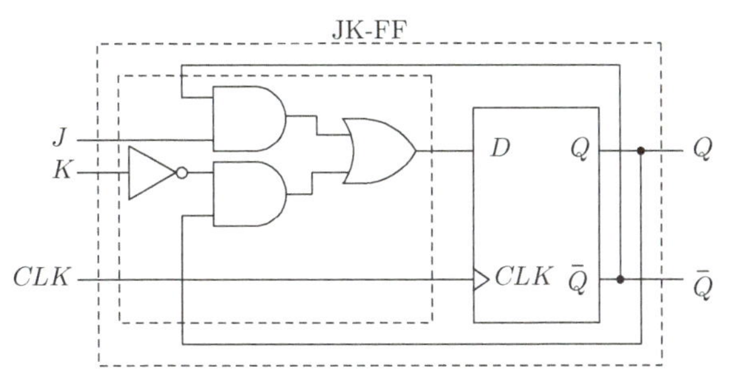

図 10.22　D-FF で実現した JK-FF

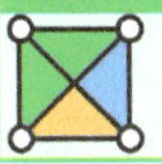

章末問題

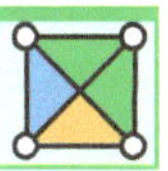

10.1 ムーア型とミーリー型の順序回路の違いを説明せよ。

10.2 次に示す D-FF のタイミングチャートを完成させよ。

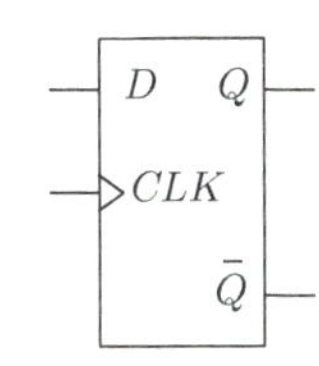

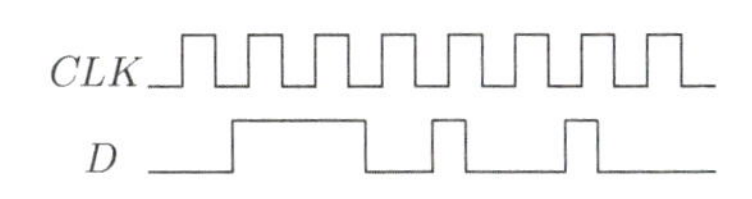

10.3 ネガティブエッジトリガ型の D-FF および D ラッチに、前問のタイミングチャートの入力を加えた場合のタイミングチャートをそれぞれかけ。

10.4 D ラッチと D-FF の動作の違いを説明せよ。

10.5 次に示す JK-FF のタイミングチャートを完成させよ。

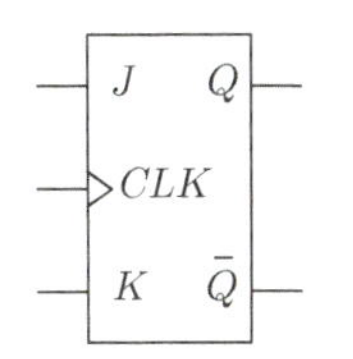

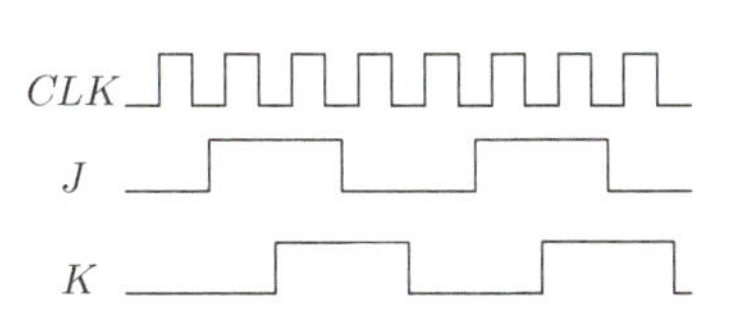

10.6 フリップフロップには図の CLR のようにクリア（リセット）端子を有するものがある。リセット端子がアクティブとなると出力は 0 にリセットされる。このリセット動作は、リセット信号が入力されると即座にリセットされる非同期リセットと、リセット信号が入力されたあとのクロックエッジでリセットされる同期リセットがある。図のタイミングチャートの信号が入力されたときの出力を、非同期リセットの場合と同期リセットの場合のそれぞれについてかけ。

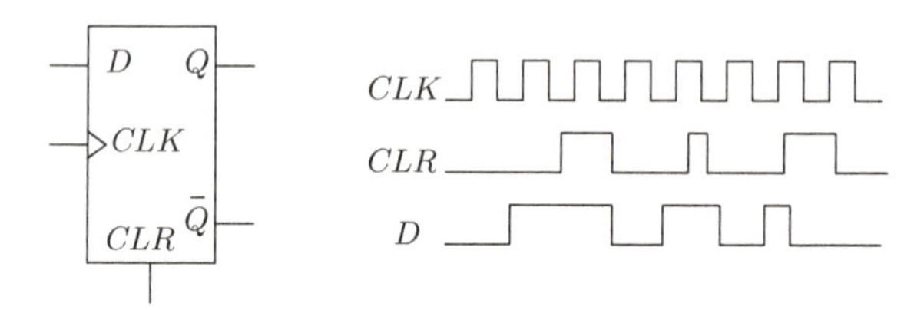

集積回路設計は D-FF だけあればよい！

本書でも JK-FF や T-FF などを紹介したが、集積回路設計の現場ではほとんどの場合 D-FF しか使われない。それは以下の理由による。

まず、 D-FF の動作が単純で扱いやすいことが挙げられる。 D-FF は入力を次のクロックでそのまま出力に転送するというシンプルさゆえ、設計者は「信号を 1 サイクル遅らせる」「レジスタにデータを保持させる」といった操作を直感的に設計できる。一方、 JK-FF や SR-FF のように入力端子が複数あると、考慮すべき入力端子や動作が増えるため、誤りが生じやすくなる。また、複数の異なるフリップフロップを使用するより、 1 種類のフリップフロップに統一したほうが設計がシンプルになる。

同期設計におけるタイミング管理の観点でも D-FF はメリットが大きい。 D-FF は動作が「入力をクロックに同期して取り込むこと」だけであるため、セットアップやホールドに要する時間などの考慮すべき制約がわかりやすい。大規模なタイミング解析を行ううえで煩雑さを大きく軽減できる。異なるフリップフロップを混在させると考慮すべき遅延時間の種類も多くなり、同期設計が複雑化することがある。

D-FF の利用が HDL （Hardware Description Language）の標準的な記述

スタイルとされ、論理合成ツールとの相性がよい点もその理由の一つである。HDL および論理合成ツールは D-FF の使用を想定して構成されている。 JK-FF や SR-FF は特別な記述をしないと生成されない。結果として、通常の記述方法で回路を記述すると D-FF が最も使われるフリップフロップとなる。

D-FF を用いても、簡単な組み合わせ回路を追加するだけで JK-FF や SR-FF の機能であるトグル動作や、セット／リセット機能を実現することができる。例えば JK-FF が得意とする「両入力が 1 のときに出力を反転する」動作は、 D 入力に「現在の Q を反転した値」を与えれば同等の動きが得られる。 SR-FF が有する非同期リセットやセット動作も、 D-FF にいくつかの回路を付加することで実現できる。

このように集積回路設計では、シンプルかつ同期設計に適し、ツールとの親和性が高い D-FF が使いやすいため、 D-FF を基本とした設計が行われる。順序回路を学ぶ際には D-FF を使用した設計を優先的に学ぶとよい。一方で、標準ロジック IC を用いて設計する場合など、使用素子数を減らしたい場合には JK-FF など別の機能を有するフリップフロップを用いたほうが有利となる。

10

第11章 カウンタとレジスタ

本章では、フリップフロップを用いた代表的な順序回路であるレジスタとカウンタの構造と動作について解説する。レジスタはデータを一時的に保持する回路で、クロック信号に同期してデータの書き込み・読み出しをすることができる。一方カウンタは、入力されたパルス数を出力する回路である。レジスタとカウンタは、データの保持および処理の制御のためにCPUなどで使用される。

本章のポイント

- レジスタは入力データの各ビットの値をフリップフロップに保持する。
- シフトレジスタは、フリップフロップの縦続接続により実現される。シフトレジスタは直列入力されたデータを並列出力に変換する。
- カウンタはクロックなどの入力信号のパルス数を出力する回路である。
- カウンタには同期式と非同期式がある。同期式は、構成するすべてのフリップフロップが同時に動作するため高速動作が可能である。

11

11.1 レジスタ

11.1.1 並列入力並列出力レジスタ

レジスタ（register）は、データの一時的な保持および読み出しを行う。レジスタに保持する信号の書き込みと読み出しの方式には、**並列**（パラレル）方式と**直列**（シリアル）方式がある。並列方式は各ビットの書き込み（または読み出

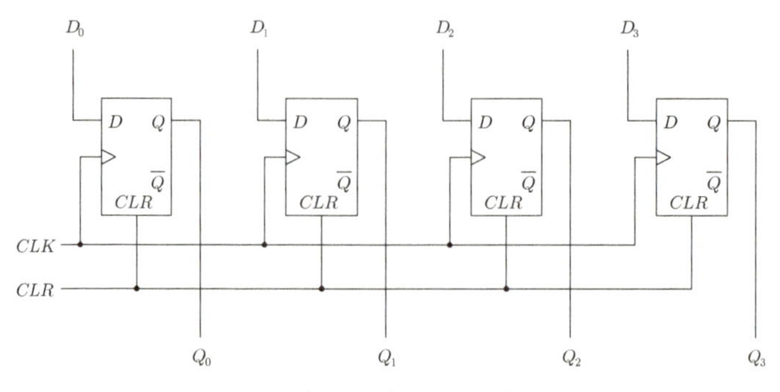

図 11.1　4 ビットレジスタ並列入力並列出力

し）を同時に行う方式である。並列入力並列出力の 4 ビットレジスタを図 11.1 に示す。図 11.1 のレジスタはクリア端子をもつ 4 個の D-FF からなる。このレジスタに書き込む 4 ビットのデータの各ビットは、4 個の D-FF に入力される。クロック（CLK）が立ち上がると、D-FF はその時刻に入力されている 4 ビットのデータ（D_0 から D_3）をそれぞれ Q_0 から Q_3 に保持する。保持されたデータは次のクロックの立ち上がりまで各 D-FF の出力として保持されるため、データの読み出しも 4 個の D-FF から同時に行うことができる。

11.1.2 シフトレジスタ

レジスタに保持する 2 進数を上位ビットから 1 ビットずつ書き込む方式を**直列入力**と呼ぶ。また、1 ビットずつ出力する方式を**直列出力**と呼ぶ。直列入力である 4 ビットシフトレジスタを図 11.2 に示す。**シフトレジスタ**（shift register）は図 11.1 の各 D-FF の入力を前段の出力に接続（縦続接続）した構成である。D-FF0 のみ外部からの入力信号 D が加えられる。入力信号 D は $D_3D_2D_1D_0$ で表される 4 ビットの 2 進数であるとする。まず、入力 D に D_3 を入力した状態でクロック（CLK）を立ち上げる。このとき D-FF0 に D_3 が保存される。次に D を D_2 の値としたあとに CLK を再び立ち上げる。D-FF1 には $Q_0 = D_3$ が入力されているため、D-FF1 には D_3 が保持される。一方、D-FF0 には D_2 が保持される。このようにシフトレジスタは、CLK が立ち上がるたびに読み込んだ信号を 1 ビットずつ後段の D-FF に伝達する。図 11.2 のシフトレジスタの場合、入力を変更しつつ 4 回クロックが立ち上がると 4 ビット分の書き込

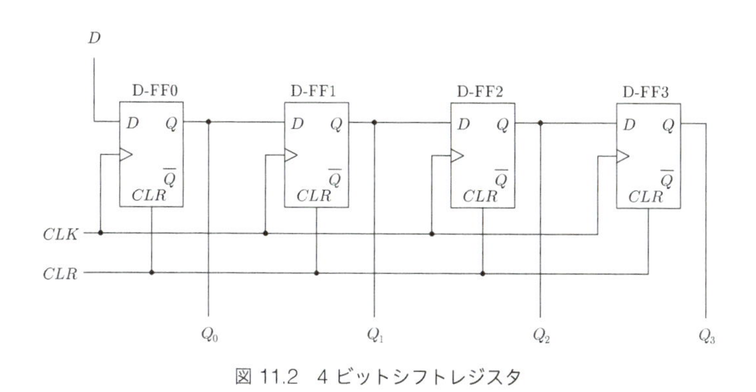

図 11.2　4 ビットシフトレジスタ

みが完了し、Q_0 から Q_3 に D_0 から D_3 が保持される。この状態で Q_0 から Q_3 を出力とすると、並列出力が可能となる。図 11.2 は直列入力並列出力のレジスタとして動作するため、直列入力された信号を並列出力に変換することができる。また、図 11.2 において Q_3 のみを出力とすると、直列出力のレジスタとして動作する。入力された各ビットは、4 クロック目以降に Q_3 から順次読み出すことができる。

11.1.3 シフトレジスタの応用

シフトレジスタの応用回路に**ジョンソンカウンタ**（Johnson counter）と**リングカウンタ**（ring counter）がある。これらの回路には、名称に「カウンタ」が含まれるが、後述するカウンタとは異なり、主にクロック信号の生成などに用いられる。

ジョンソンカウンタは、入力されたクロックを分周し、位相の異なる信号を出力する。図 11.3 と図 11.4 に、4 ビットジョンソンカウンタの構成とそのタイ

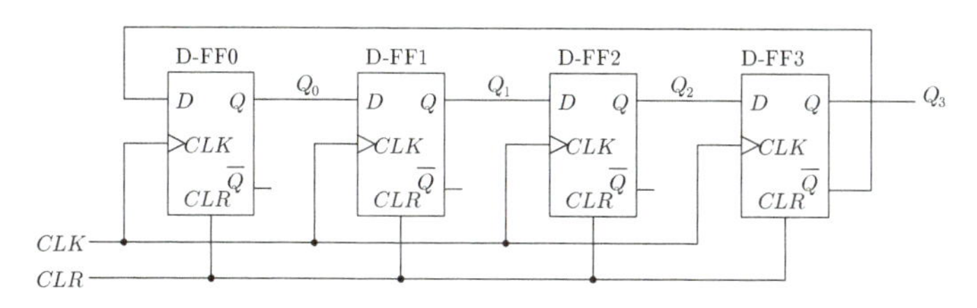

図 11.3　4 ビットジョンソンカウンタ

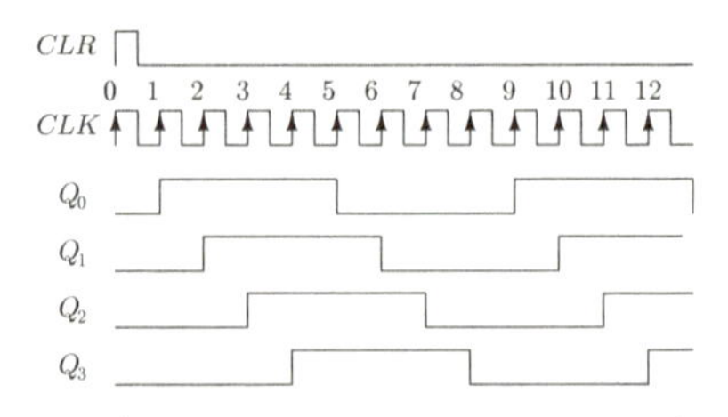

図 11.4　4 ビットジョンソンカウンタのタイミングチャート

表 11.1　4 ビットジョンソンカウンタの出力

クロック数	出力 $Q_3Q_2Q_1Q_0$
0	0000
1	0001
2	0011
3	0111
4	1111
5	1110
6	1100
7	1000
8	0000

ミングチャートをそれぞれ示す。ジョンソンカウンタはシフトレジスタの最終段の出力の反転をシフトレジスタの入力に帰還する構成である。まずクリア信号（CLR）が入力されると、シフトレジスタのすべての出力 Q_0 から Q_3 がリセットされる。D-FF0 の D には $\overline{Q_3}$ が入力されるため、リセット後のクロックの立ち上がりで、Q_0 は 1 となる。シフトレジスタはクロックの立ち上がりのたびにこの 1 を後段に伝達していく。シフトレジスタを構成する D-FF の個数を N 個とすると、N 回目のクロックの立ち上がりで 1 は最終段の D-FF まで伝達され、Q_{N-1} が反転し、シフトレジスタの入力も 1 から 0 となる。この 0 もシフトレジスタにより後段に伝達されるため、再びクロックが N 回（最初のクロックから $2N$ 回）立ち上がるとすべての D-FF の出力は 0 に戻る。4 段のジョンソンカウンタの各ビットの出力はクロックの立ち上がりのたびに表 11.1 のように変化する。N ビットジョンソンカウンタの各ビットの出力は、クロックの周波数を $\frac{1}{2N}$ に分周したデューティサイクル（1 周期のうち 1 が出力される帰還の割合）50 %のクロック信号となる。また、各ビットの出力は位相がそ

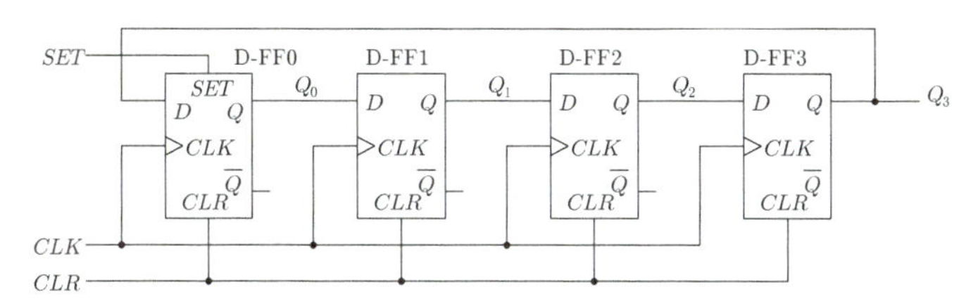

図 11.5 4 ビットリングカウンタ

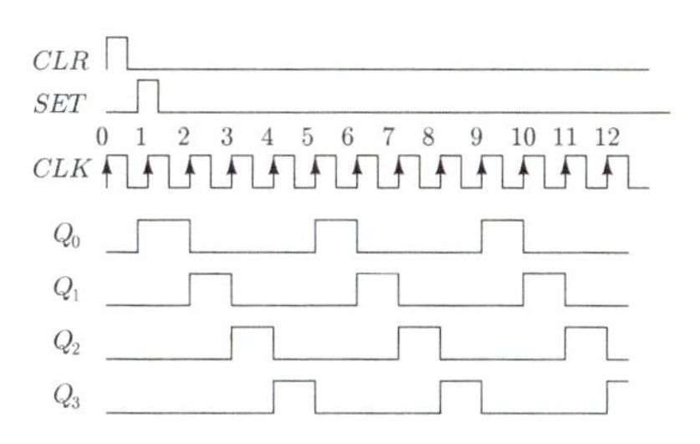

図 11.6 4 ビットリングカウンタのタイミングチャート

れぞれ $\frac{\pi}{N}$ ずつ異なるため、ジョンソンカウンタは周波数や位相の異なるクロックの生成に用いられる。

シフトレジスタの別の応用であるリングカウンタを図 11.5 に示す。リングカウンタは、シフトレジスタの最終段のフリップフロップの出力を最初段のフリップフロップに戻す構成である。図 11.6 にリングカウンタのタイミングチャートを示す。まず、クリア信号（CLR）が入力され、シフトレジスタのすべての出力 Q_0 から Q_3 がリセットされる。次に、D-FF0 のみセット入力により $Q_0 = 1$ にセットされる。セット信号は D-FF0 をセットしたあと、再び 0 に戻す。このとき D-FF0 以外の D-FF の出力は 0 のままである。この状態でクロック信号が立ち上がると、D-FF1 の出力 Q_1 が 1 となり、D-FF0 の出力 Q_0 は 0 に戻る。以降、クロック信号が立ち上がるたびに次の D-FF が 1 を出力し、それまで 1 を出力していた D-FF の出力は 0 に戻る、という動作を繰り返す。これは、1 を出力するビットが循環するため、リングカウンタと呼ばれる。N ビットリングカウンタは 1 を出力するビットを読み出すことで、N まで計数できるカウンタとして用いることができる。また、リングカウンタの各ビットを異なる装置の起動信号として用いると、クロックの入力ごとに異なる装置を起動させる制御に用いることができる。

JK-FF を用いて 4 ビットリングカウンタを構成せよ。

解答

JK-FF の出力 Q および $\overline{Q}$ を別の JK-FF の J と K に接続すると、前段の出力はクロックの立ち上がりで次段に伝達される。リングカウンタは、図 11.5 と同様に最終段の Q と $\overline{Q}$ を初段の J と K にそれぞれ帰還する構成で実現できる。これに対して図 11.7 は、帰還方法を工夫し、1 が複数個入力された場合にもやがて正常なカウンタ動作に戻る自己補正型としている。図 11.8 に図 11.7 のタイミングチャートを示す。ここでは初期状態として JK-FF0 と JK-FF1 の出力が 1 であるとする。クロックが 3 回立ち上がると JK-FF0 の初期状態の 1 が最終段まで伝達する。このとき JK-FF0 から JK-FF2 の出力はすべて 0 とな

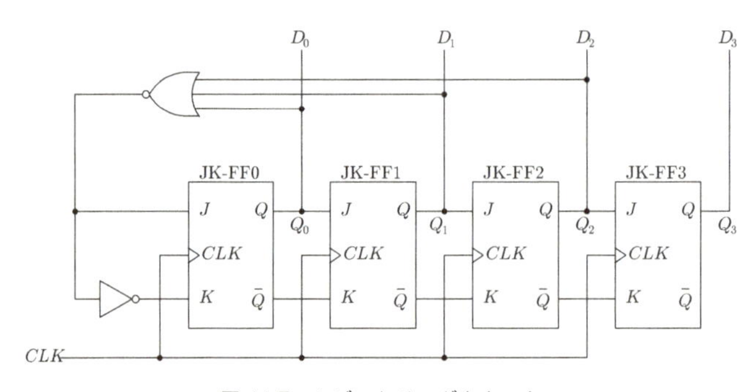

図 11.7　4 ビットリングカウンタ

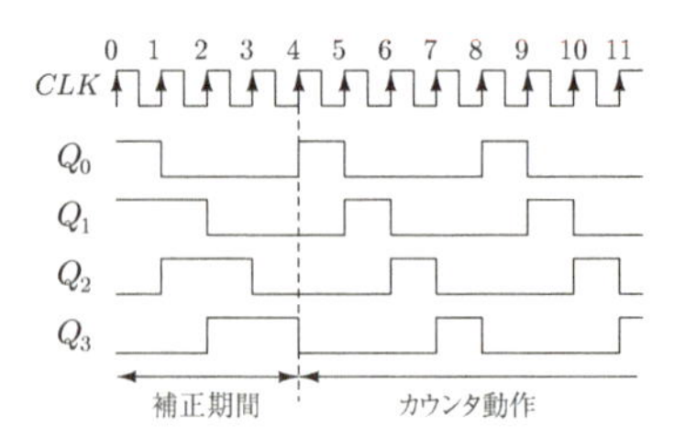

図 11.8　JK-FF で実現した 4 ビットリングカウンタのタイミングチャート

り、NORの出力は1となる。次にクロックが立ち上がるとJK-FF0は1となり、JK-FF1からJK-FF3は0となる。これ以降は通常のカウンタ動作に移行する。このように、何らかの理由で複数個の1が出力される状態となってもやがて正常動作に戻る回路を、**自己補正型**と呼ぶ。

11.2 カウンタ

カウンタ（counter）は入力信号のパルス数を計数する回路である。タイマや時間計測などに用いられる。各ビットの出力の変化が下位ビットから上位ビットに伝達することで出力を確定する非同期式カウンタと、クロックの変化時にすべてのフリップフロップが同時に動作する同期式カウンタが存在する。

11.2.1 非同期式カウンタ

非同期式カウンタ（asynchronous counter）では、各ビットのフリップフロップは異なるタイミングで動作する。カウンタがカウントする対象のパルス信号は最下位ビットのフリップフロップのみに入力され、最下位ビットのフリップフロップの出力が上位ビットのフリップフロップのクロックに入力される。そのため、各フリップフロップは信号が伝搬したタイミングで動作する。

図11.9に非同期式8進カウンタを示す。非同期式8進カウンタは3個のD-FFからなる。各D-FFは$\overline{Q}$と入力Dが接続されているため、T-FFとして動作する。図11.9の非同期式8進カウンタはクロックの立ち下がりの数をカウントする。クロックはD-FF0のクロックに入力される。D-FF0の出力Q_0はD-FF1

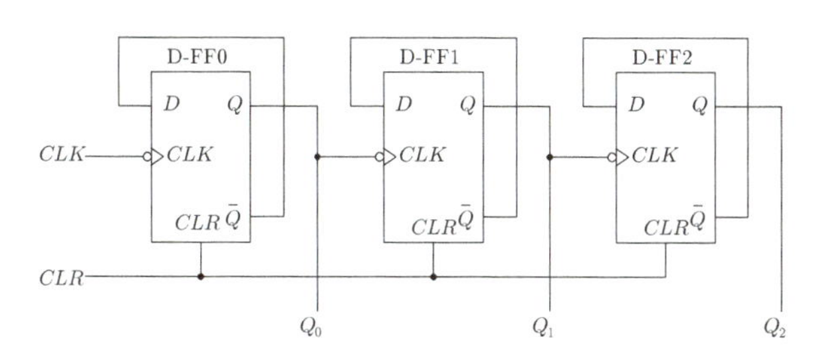

図11.9　非同期式8進カウンタ

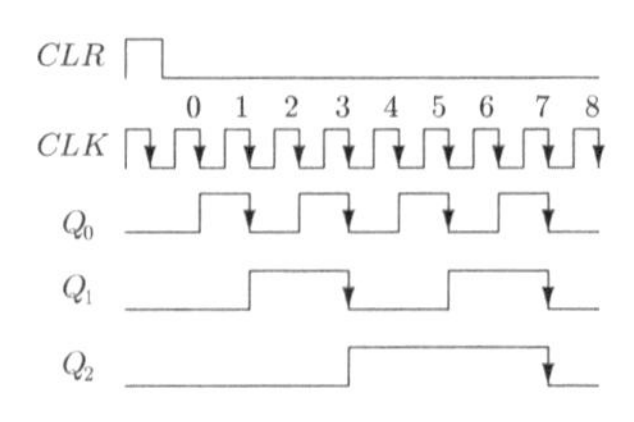

図 11.10　非同期式 8 進カウンタのタイミングチャート

のクロックとして用いられる。D-FF2 についても同様に D-FF1 の出力 Q_1 がクロックに接続される。各フリップフロップの出力がカウンタの 3 ビットの出力 $Q_2Q_1Q_0$ となる。図 11.10 に非同期式 8 進カウンタのタイミングチャートを示す。

まず CLR が入力され、すべての D-FF の出力が 0 となる。CLK が 1 から立ち下がると D-FF0 の出力が反転し $Q_0 = 1$ となる。つまり、カウンタの出力は 001 となる。後段の D-FF1 は Q_0 の立ち下がりで動作するため、D-FF1 および D-FF2 の出力はまだ変化しない。再び $CLK = 1$ となったあとに $CLK = 0$ となる立ち下がりで、D-FF0 の出力 Q_0 は再び $Q_0 = 0$ となる。これは D-FF1 のクロック入力である Q_0 の立ち下がりであるため、D-FF1 の出力は反転し $Q_1 = 1$ となり、カウンタの出力は 010 となる。このとき D-FF2 のクロック入力はまだ 0 であるため、出力は変化しない。D-FF0 は CLK の立ち下がりのたびに出力状態が変化するのに対して、D-FF1 および D-FF2 は前段の出力が 1 から 0 に変化するときに出力状態を変更する。D-FF1 は CLK の立ち下がりの 2^1 回ごとに出力が変化し、D-FF2 は CLK の立ち下がりの 2^2 回ごとに出力が変化するため、カウンタの出力 $Q_2Q_1Q_0$ は 2 進数で表したクロック入力の立ち下がり数となる。このカウンタはクロック入力の立ち下がりを最大 7 までカウントすることができる。$Q_2Q_1Q_0 = 111$ は 7 を意味し、次にクロックが立ち上がるとカウンタは初期状態である 000 に戻るため、8 進カウンタとして動作する。接続するフリップフロップの個数を増やし、n 個のフリップフロップを縦続接続すると非同期式 2^n カウンタが実現できる。

次に、2^n 進以外のカウンタについて考える。例として図 11.9 の 8 進カウンタをもとに 7 進カウンタを実現する場合を考える。図 11.11 に非同期式 7 進カウンタを示す。7 進カウンタの場合、$Q_2Q_1Q_0 = 110$ の次に出力が 000 に戻れ

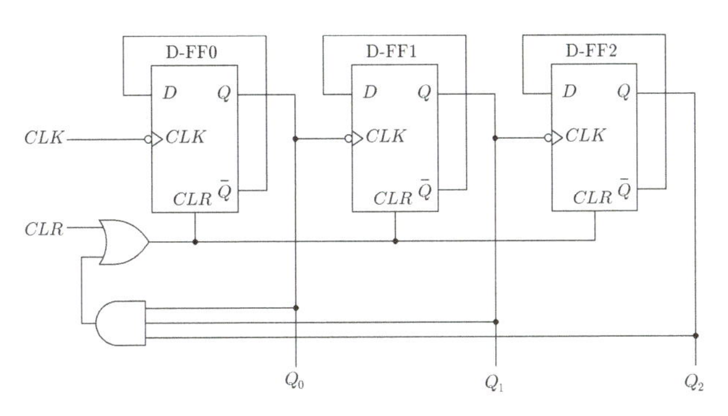

図 11.11 非同期式 7 進カウンタ

ばよい。そこで図 11.11 では、$Q_2Q_1Q_0 = 111$ が入力されたとき 1 を出力する論理回路（7 進カウンタの場合は 3 入力の AND で実現できる）を構成し、その出力を各フリップフロップの CLR に戻している。CLR によりすべてのフリップフロップがリセットされるため出力は 000 に戻る。リセットが完了すると CLR は 0 に戻り、再びカウントが可能となる。この方式は $Q_2Q_1Q_0 = 111$ となってからすべてのフリップフロップがリセットされるため、短時間にカウンタの出力には $Q_2Q_1Q_0 = 111$ が現れる。この過渡的な出力（ハザード）は、カウンタの出力を用いる回路の誤動作の原因となることがある。また、フリップフロップのリセットのタイミングが一致せず一部のフリップフロップのみ先にリセットされると、その時点で CLR が 0 に戻るためリセットが不完全となる。

非同期式カウンタは、構成が簡単で少ない素子数で実現可能である。一方で各段のフリップフロップの出力を次段のクロック入力として用いるため、最終段の出力が確定するまでに時間を要する。このため、カウンタのビット数が増えるとフリップフロップの遅延時間が大きくなる問題がある。フリップフロップの遅延時間が短く動作速度の低下はあまり問題とならない場合も、出力が確定するまでの間はハザードが現れるため、注意が必要である。

例題 11.2

図 11.9 と同じ構成で、入力パルス数を $(100)_{10}$ 以上カウント可能な非同期式カウンタを実現する。D-FF にクロックが入力されてから出力が確定するまでの遅延時間が τ であるとき、カウンタが出力を確定するまでに要する時間を求めよ。

解答

$2^n > 100$ となる最小の n は 7 であるから、入力パルス数を 100 までカウントするためにはカウンタは 7 ビット以上である必要がある。非同期式カウンタでは出力は最下位ビットから順に確定する。各ビットの D-FF が動作を開始してから出力が確定するまでの時間を τ とすると、非同期式カウンタが出力を確定するまでには 7τ の時間を要する。

11.2.2 同期式 2^n 進カウンタ

同期式カウンタ（synchronous counter）は、構成するすべてのフリップフロップが共通のクロックにより同時に動作するカウンタである。各フリップフロップが同時に動作するため、出力が確定するまでに要する時間はフリップフロップ 1 個分の遅延時間となる利点がある。

図 11.12 に同期式 2^n 進カウンタを示す（$n = 1, 2, 3, 4$）。図 11.12（a）の同期式 2 進カウンタは、クロックが入力されるたびに出力が反転する回路である。これは、T-FF の動作と同じである。図 11.12（b）の同期式 4 進カウンタは、2 個の D-FF で実現される。2 個の D-FF の出力がカウンタの出力であり、すべての D-FF に同一のクロックを入力する。そのため、各フリップフロップはクロックの立ち上がりで同時に動作する。最下位ビット Q_0 はクロックが入力されるたびに反転するため、D-FF0 は同期式 2 進カウンタ（T-FF）と同様の接続で実現できる。2 ビット目 Q_1 が次に 1 となるのは、現在の出力 Q_1Q_0 が 01 または 10 のときである。そのため、2 ビットの D-FF には現在の出力が 01 と 10 のとき 1 が入力されればよい。このことから D_1 は

$$D_1 = Q_0 \oplus Q_1 \tag{11.1}$$

で実現される。ここで点線で囲んだ部分の回路は、入力 J が 1 のときはクロックが入力されるたびに出力が反転し、J が 0 のときは出力を保持する動作をする。これは J と K を接続した JK-FF の動作と同じであるため、図 11.12（b）の 4 進カウンタは J と K を短絡した JK-FF でも実現できる。

同期式 8 進カウンタについても、D-FF0 および D-FF1 は同期式 4 進カウン

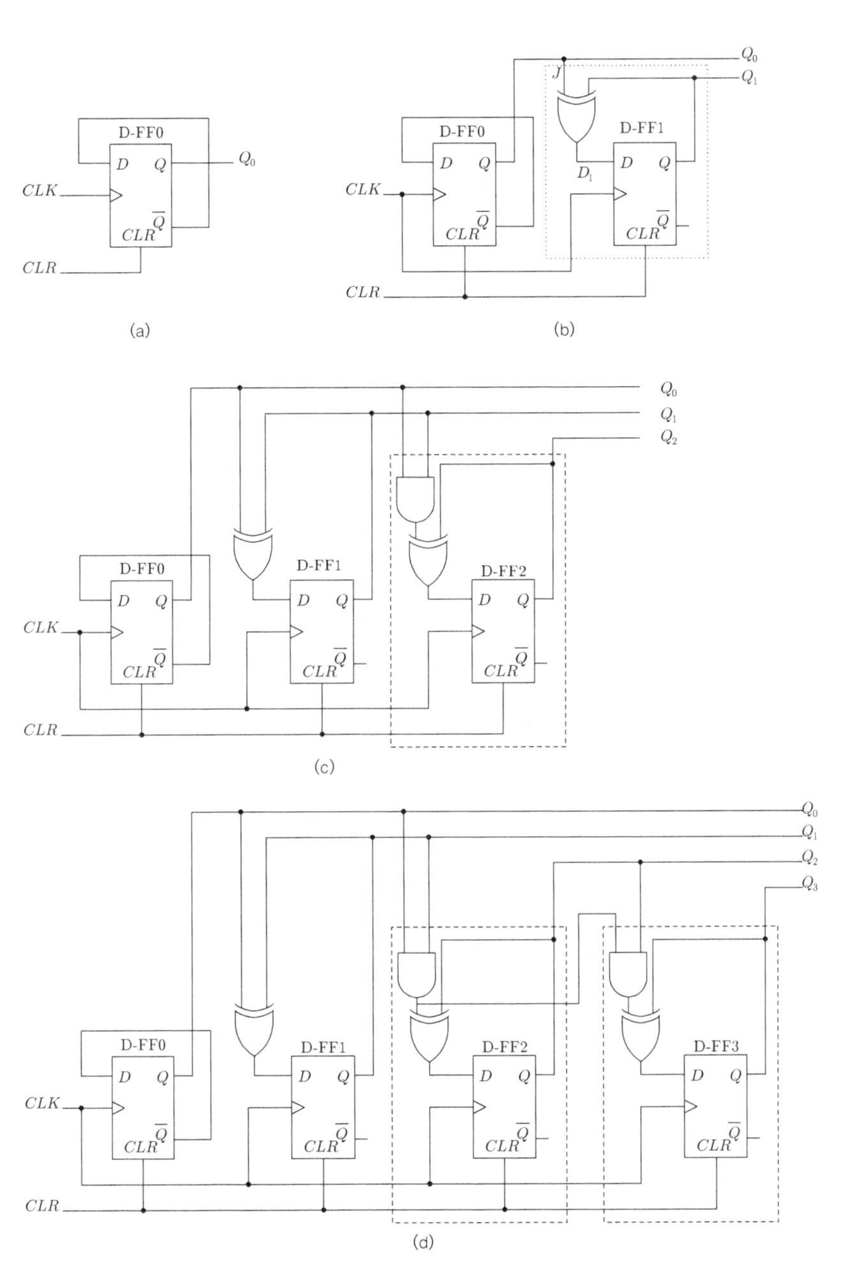

図 11.12 同期式 2^n 進カウンタ (a) 2 進カウンタ (b) 4 進カウンタ (c) 8 進カウンタ (d) 16 進カウンタ

タと同じ回路で実現できる。3 ビット目 Q_2 を実現するためには、D-FF2 の入力 D_2 が表 11.2 に示す真理値表を満足すればよいため、

$$D_2 = \overline{Q_2}Q_1Q_0 + Q_2\overline{Q_1} + Q_2\overline{Q_0} = \overline{Q_2}(Q_1Q_0) + Q_2\overline{(Q_1Q_0)}$$
$$= Q_2 \oplus (Q_1Q_0) \qquad (11.2)$$

となる。以上を回路として実現すると図 11.12（c）となる。

16 進以上の同期式 2^n 進カウンタの 4 ビット目以降は、図 11.12（c）の同期式 8 進カウンタにおいて破線で囲んだ回路を順次追加することで実現できる。追加した回路で用いる AND には、それより下位のすべての出力を入力する代わりに下位ビットの回路の AND の出力と前段の出力を加える。このようにして得られた同期式 16 進カウンタを図 11.12（d）に示す。

表 11.2　同期式 8 進カウンタの各 D-FF の入力の真理値表

Q_2	Q_1	Q_0	D_2	D_1	D_0
0	0	0	0	0	1
0	0	1	0	1	0
0	1	0	0	1	1
0	1	1	1	0	0
1	0	0	1	0	1
1	0	1	1	1	0
1	1	0	1	1	1
1	1	1	0	0	0

例題 11.3

JK-FF を用いて同期式 8 進カウンタと 16 進カウンタを構成せよ。

解答

図 11.12（c）と（d）の同期式 8 進カウンタおよび 16 進カウンタにおいて、図 11.12（b）の点線内の回路を J と K を短絡した JK-FF で置き換えると図 11.13 と 11.14 が得られる。ここで初段は J と K をともに 1 とすることで T-FF としている。

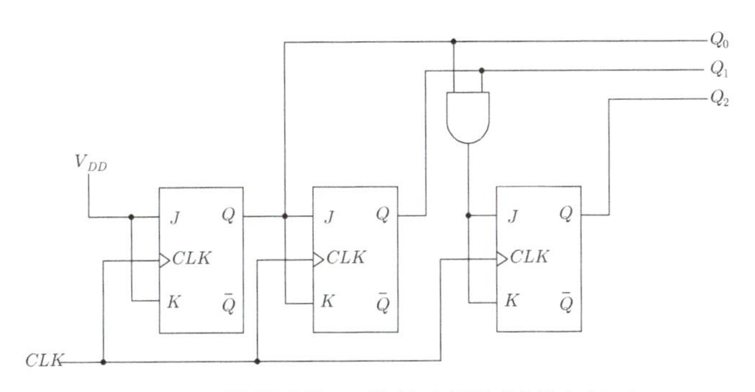

図 11.13 JK-FF を用いて構成した同期式 8 進カウンタ

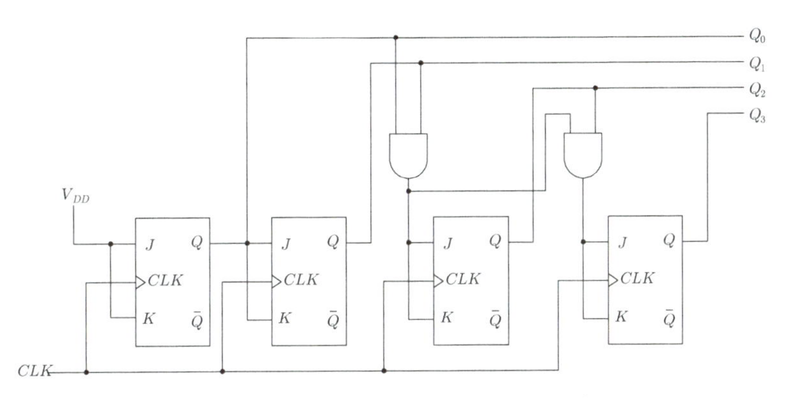

図 11.14 JK-FF を用いて構成した同期式 16 進カウンタ

11.2.3 2^n 進以外の同期式カウンタ

2^n 進以外の同期式カウンタを図 11.15 および図 11.16 に示す。これらの設計は第 12 章で説明する。

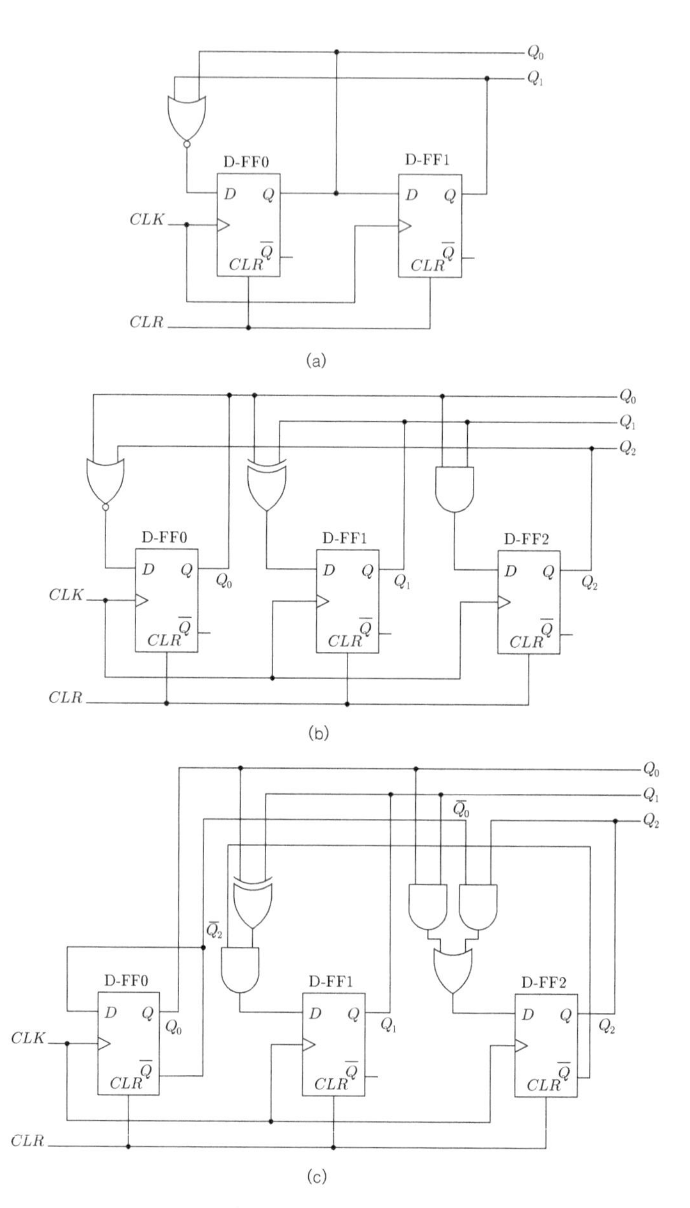

図 11.15　同期式 n 進カウンタ（a） 3 進カウンタ（b） 5 進カウンタ（c） 6 進カウンタ

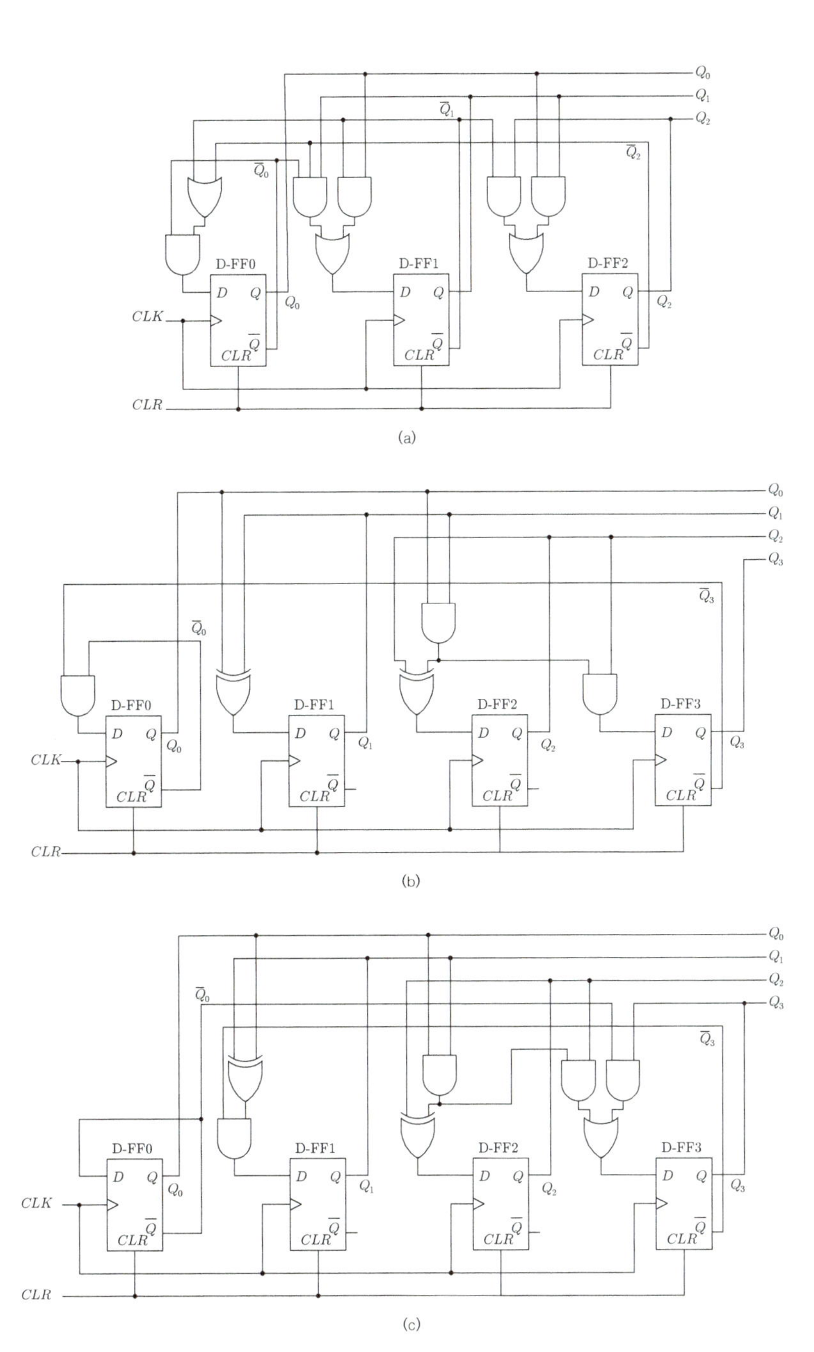

図 11.16 同期式 n 進カウンタ (a) 7 進カウンタ (b) 9 進カウンタ (c) 10 進カウンタ

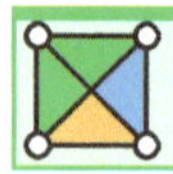

章末問題

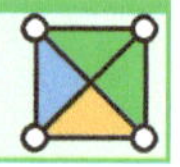

11.1 図 11.2 の 4 ビットシフトレジスタに次のタイミングチャートで表される信号を入力した。出力のタイミングチャートを完成せよ。ただし、フリップフロップの遅延時間は無視してよい。

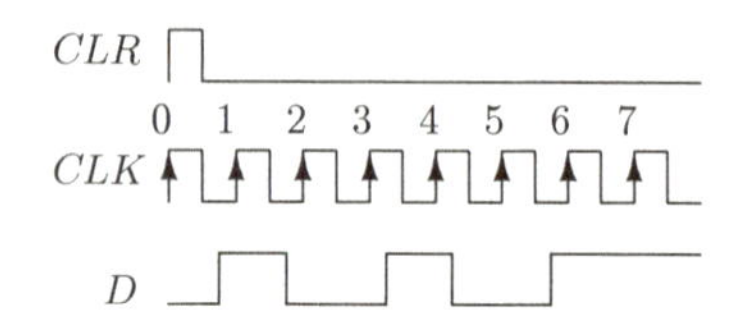

11.2 周期 1 ms、パルス幅 100 μs のクロック信号を周期 10 ms、パルス幅 5 μs のクロック信号に変換する回路を設計せよ。

11.3 外部のタイマからのクロック CLK が加わるたびに緑、黄、赤の順に点灯する信号機を制御する回路を設計せよ。

11.4 3 ビットシフトレジスタを JK-FF を用いて実現せよ。

11.5 非同期式 32 進カウンタを図 11.9 と同様の構成で実現する。D-FF にクロックが入力されてから出力するまでの遅延時間が 20 ns であるとして、カウンタの最大遅延時間を求めよ。

11.6 非同期式 8 進カウンタをポジティブエッジトリガ型のカウンタを用いて実現した場合の回路図とタイミングチャートを示せ。ただし、次のタイミングチャートで表されるクロックを入力したとする。フリップフロップの遅延時間は無視してよい。

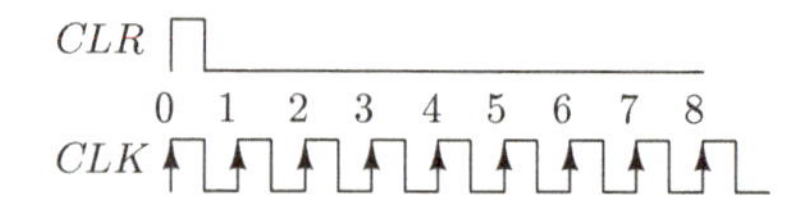

11.7 同期式 32 進カウンタを設計せよ。

カウンタとレジスタが刻む時間の秘密

腕時計などのクォーツ時計は、時を刻む水晶振動子（クォーツ）と、「数える」「保持する」機能を担当するカウンタやレジスタによって構成されている。

クォーツ時計は、基準となる信号をきわめて正確に発振する水晶振動子で作り出している。クォーツ時計用の多くの水晶振動子は周波数 32,768 Hz の電気信号を作り出す。32,768 は 2 の 15 乗であるから 2 進数での利用に適すること、ディジタル回路で扱う際に程よい周波数であることから、水晶振動子が生成できる周波数のうち、32,768 Hz が用いられることが多い。

水晶振動子が作り出す 32,768 Hz の正確な電気信号はカウンタに入力され、カウンタはこの電気信号の数を数える。カウンタは 32,768 回カウントするたびに「1 秒が経過した」と判断する。つまり、32,768 進カウンタを実現してその最上位ビットを出力信号とすると、32,768 Hz のクロックは 1 秒に変換される。32,768 は 2 の 15 乗であるため、32,768 進カウンタは 15 個のフリップフロップで簡単に実現できる。このカウンタは周波数を段階的に落として 1 Hz（周期 1 秒）の信号を作り出す役割を果たすため、「分周回路」とも呼ばれる。

この「1 秒を表す信号」を 60 進カウンタに入力すれば「1 分」を作り出すことができ、さらに「1 分を表す信号」を 60 進カウンタに入力すれば「1 時間」を測ることができる。カウンタは時を測る動作（カウント）を行うが、同時に現在の時間を保持する「レジスタ」でもある。各カウンタの現在の出力を液晶などに表示すると、ディジタル時計が実現できる。電子レンジや炊飯器などのタイマでも、同様の仕組みによりユーザが設定した時間を数え上げ、装置を制御している。

アナログ時計の場合には、「1 秒」を表す信号はステッピングモータに入力される。ステッピングモータは、パルス信号が入力されるたびにモータのロータ（小さな磁石）が一定角度だけ回転するモータである。1 パルスあたり 1 秒分の角度（6 度）だけ回転するステッピングモータを用いて秒針を駆動し、その回転を歯車（ギア）を通じて分針・時針に伝えることでアナログ回路は実現される。

このように、正確な時刻表示やタイマ制御の裏側では水晶振動子とディジタル回路が働いている。電子レンジの加熱を待つ間、機器の内部に思いを馳せてみてはどうだろうか。いつもより機器を身近に感じられるかもしれない。

第12章 順序回路の設計

本章では、与えられた仕様から状態遷移表および状態遷移図を作成し、それらを用いて順序回路を導く方法について学ぶ。例として第11章で学んだ同期式カウンタを実現する順序回路を設計する。

本章のポイント

- 順序回路の設計は以下の手順で行う。
  1. 目的の機能を実現するために必要な状態数を見積もり、必要となるフリップフロップの数を求める。
  2. 各状態において各フリップフロップの出力を定める。各状態をどのように遷移するか、状態間の関係を状態遷移図により表す。
  3. 状態遷移表を作成する。
  4. 各フリップフロップの入力に必要な論理関数を導く。D-FFを用いる場合には状態遷移表から直接論理回路を導ける。その他のフリップフロップを用いる場合にはD-FFと同様に状態遷移表と励起表を用いる方法と、用いるフリップフロップの特性方程式と実現したい順序回路の応用方程式の対応から導く方法がある。

12

12.1 順序回路の設計手順

順序回路の設計手順を10進カウンタの設計を通じて学ぶ。ここではポジティブエッジのクロック入力をもつD-FFを用いることにする。10進カウンタは入

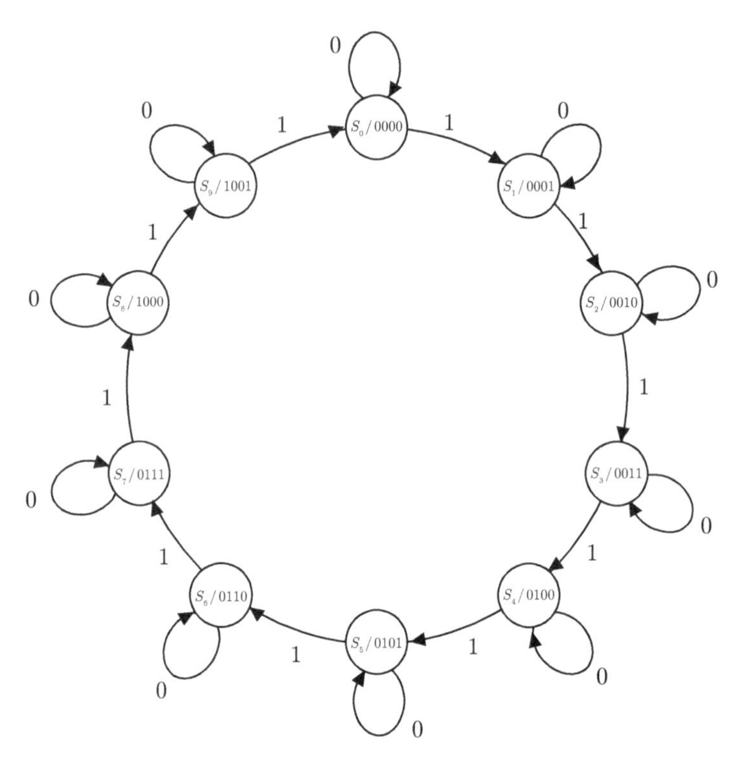

図 12.1　10 進カウンタの状態遷移図

力されたパルスの数をカウントする。設計するカウンタは入力をクロックとし、カウント数を出力とする。

カウンタはクロックが入力されるたびに状態を遷移し、各状態においてこれまでに入力されたクロック数を出力するため、10 進カウンタは 10 の状態を有する。フリップフロップは 1 個で 1 ビットの状態を保持できることから、10 の状態を表現するためには 4 個のフリップフロップが必要となる*1。各状態では $(0000)_2$ から $(1001)_2$ を出力する。この動作を状態遷移図で表すと図 12.1 となる。矢印の隣に書かれた数字は、入力であるクロックの値を意味する。

次に、この回路の動作を表 12.1 の状態遷移表に表す。クロック数の列はこれまでに入力されているパルス数を 10 進数で表している。「現在の状態」($Q_3^n Q_2^n Q_1^n Q_0^n$) は入力されたパルス数を 2 進数で表した値であり、現在の各フ

*1　$2^4 = 16$ であるから、4 個のフリップフロップで 16 状態まで表現できる。

表 12.1　10 進カウンタの状態遷移表

クロック数	現在の状態 $Q_3^n Q_2^n Q_1^n Q_0^n$	次の状態 $Q_3^{n+1} Q_2^{n+1} Q_1^{n+1} Q_0^{n+1}$	D-FF の入力 $D_3^n D_2^n D_1^n D_0^n$
0	0000	0001	0001
1	0001	0010	0010
2	0010	0011	0011
3	0011	0100	0100
4	0100	0101	0101
5	0101	0110	0110
6	0110	0111	0111
7	0111	1000	1000
8	1000	1001	1001
9	1001	0000	0000

リップフロップの出力と等しい。ここで、上付き文字の n は現在であることを意味している。「次の状態」($Q_3^{n+1}Q_2^{n+1}Q_1^{n+1}Q_0^{n+1}$) は現在の状態でクロックが入力されたあとに遷移する先の状態を表し、次の状態における出力と等しい。ここで上付き文字の $n+1$ は次のクロックが入力された時刻であることを示している。「D-FF の入力」($D_3^nD_2^nD_1^nD_0^n$) は、現在の状態から次の状態に正しく遷移するために各 D-FF に入力されていなければならない値である。この値は現在（次にクロックが入力される時刻まで）D-FF に入力されていなければならないため、上付き文字の n を付けている。D-FF を用いる場合、$D_3^nD_2^nD_1^nD_0^n$ は $Q_3^{n+1}Q_2^{n+1}Q_1^{n+1}Q_0^{n+1}$ と等しくなる。10 進カウンタで数えるクロック数は最大で 9 であるから、現在の状態が 1010 から 1111 における D_0^n から D_3^n はドントケアとなる（表 12.1 では省略している）。

D_0^n から D_3^n の真理値表を入力を Q_0^n から Q_3^n としてかくと、図 12.2 が得られる。

図 12.2 より、D_0^n の論理式は

$$D_0^n = \overline{Q_0^n} \tag{12.1}$$

であり、同様に D_1^n から D_3^n の論理式を求めると

$$D_1^n = \overline{Q_3^n}\,\overline{Q_1^n}Q_0^n + \overline{Q_3^n}Q_1^n\overline{Q_0^n} = \overline{Q_3^n}\cdot(Q_1^n \oplus Q_0^n) \tag{12.2}$$

$$D_2^n = Q_2^n\overline{Q_0^n} + Q_2^n\overline{Q_1^n} + \overline{Q_2^n}Q_1^nQ_0^n$$

12

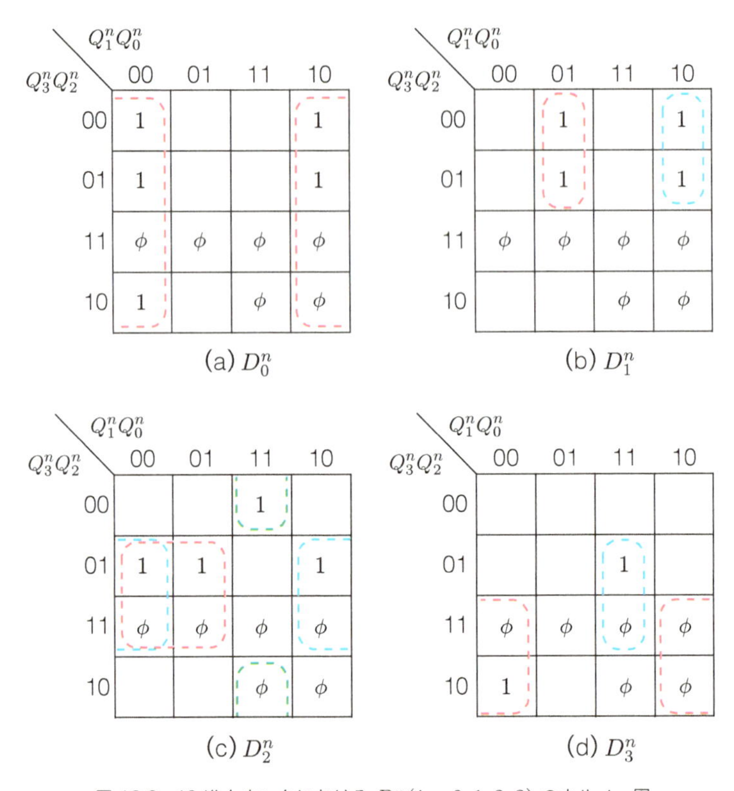

図 12.2　10 進カウンタにおける $D_i^n(i = 0, 1, 2, 3)$ のカルノー図

$$
\begin{aligned}
&= Q_2^n \cdot (\overline{Q_1^n Q_0^n}) + \overline{Q_2^n} \cdot (Q_1^n Q_0^n) \\
&= Q_2^n \oplus (Q_1^n Q_0^n) \qquad (12.3)
\end{aligned}
$$

$$
D_3^n = Q_2^n Q_1^n Q_0^n + Q_3^n \overline{Q_0^n} \qquad (12.4)
$$

が得られる。

以上を回路図として表すと図 12.3 が得られる。

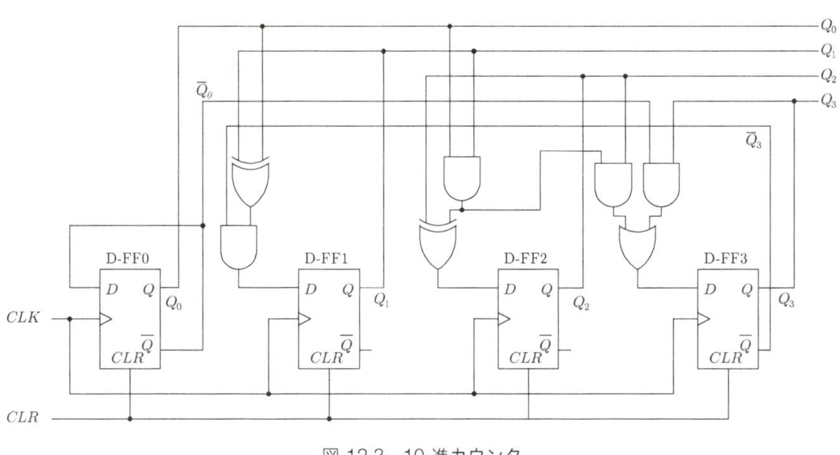

図 12.3 10 進カウンタ

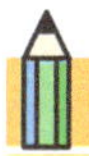

例題 12.1

同期式 10 進カウンタを、ポジティブエッジトリガ型のクロック入力をもつ JK-FF を用いて実現せよ。

解答

JK-FF の現状態と次の状態の組み合わせは全部で 4 パターン存在する。それぞれの現状態と次の状態の組み合わせを実現する入力（J および K）を示した表を**励起表**と呼ぶ。JK-FF の励起表を表 12.2 に示す。表 12.2 は、現在の状態 Q^n が 0 である場合に次の状態で Q^{n+1} を 1 とするためには、JK-FF の入力を $J=1$ とし、K の値は何でもよいことを示している。$Q_i^n (i=0,1,2,3)$ と Q_i^{n+1} の変化に着目し、JK-FF の励起表を用いて、表 12.1 の「D-FF の入力」の列を「JK-FF の入力」（$J_0^n K_0^n$ から $J_3^n K_3^n$）として書き換えた状態遷移表を表 12.3 に示す。JK-FF を用いた場合の状態遷移表は D-FF を用いた場合に比べると複雑になる。

各 JK-FF の入力である J_0^n と K_0^n から J_3^n と K_3^n を実現する論理式（入力方程式）を Q_0^n から Q_3^n を入力として求めると

表 12.2　JK-FF の励起表

現在の状態 Q^n	次の状態 Q^{n+1}	入力	
		J	K
0	0	0	ϕ
0	1	1	ϕ
1	0	ϕ	1
1	1	ϕ	0

表 12.3　JK-FF を用いた場合の 10 進カウンタの状態遷移表

クロック数	現在の状態 $Q_3^n Q_2^n Q_1^n Q_0^n$	次の状態 $Q_3^{n+1} Q_2^{n+1} Q_1^{n+1} Q_0^{n+1}$	JK-FF の入力			
			$J_3^n K_3^n$	$J_2^n K_2^n$	$J_1^n K_1^n$	$J_0^n K_0^n$
0	0000	0001	0 ϕ	0 ϕ	0 ϕ	1 ϕ
1	0001	0010	0 ϕ	0 ϕ	1 ϕ	ϕ 1
2	0010	0011	0 ϕ	0 ϕ	ϕ 0	1 ϕ
3	0011	0100	0 ϕ	1 ϕ	ϕ 1	ϕ 1
4	0100	0101	0 ϕ	ϕ 0	0 ϕ	1 ϕ
5	0101	0110	0 ϕ	ϕ 0	1 ϕ	ϕ 1
6	0110	0111	0 ϕ	ϕ 0	ϕ 0	1ϕ
7	0111	1000	1 ϕ	ϕ 1	ϕ 1	ϕ 1
8	1000	1001	ϕ 0	0 ϕ	0 ϕ	1ϕ
9	1001	0000	ϕ 1	0 ϕ	0 ϕ	ϕ 1

$$J_0^n = 1 \tag{12.5}$$

$$K_0^n = 1 \tag{12.6}$$

$$J_1^n = \overline{Q_3^n} Q_0^n \tag{12.7}$$

$$K_1^n = Q_0^n \tag{12.8}$$

$$J_2^n = Q_1^n Q_0^n \tag{12.9}$$

$$K_2^n = Q_1^n Q_0^n \tag{12.10}$$

$$J_3^n = Q_2^n Q_1^n Q_0^n \tag{12.11}$$

$$K_3^n = Q_0^n \tag{12.12}$$

となる。これらの論理式を回路として実現すると図 12.4 が得られる。

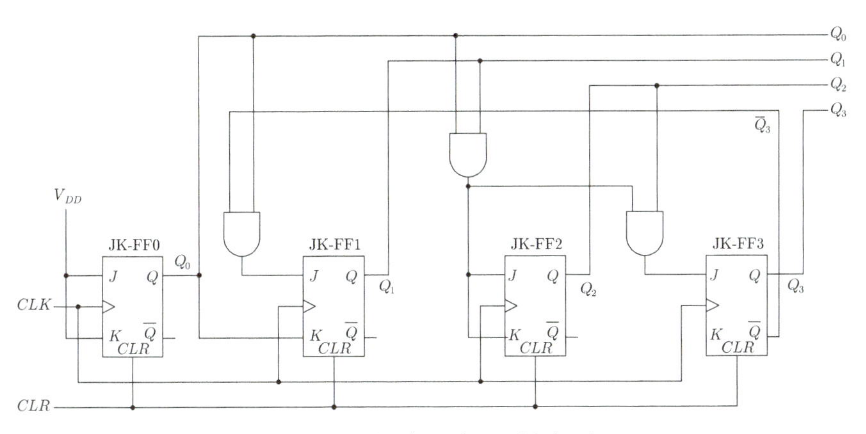

図 12.4　JK-FF を用いた 10 進カウンタ

例題 12.1 では、JK-FF の励起表から状態遷移表を作成し、各フリップフロップの入力方程式を求めた。これに対して必要となる応用方程式と JK-FF の特性方程式の対応より、各フリップフロップに必要となる入力方程式を求める方法がある。ある順序回路を構成するフリップフロップの次の状態における出力 Q^{n+1} は、現在の出力 Q^n を用いて

$$Q^{n+1} = AQ^n + B\overline{Q^n} \tag{12.13}$$

で表される。この式を**応用方程式**と呼ぶ。順序回路の設計とは、用いるフリップフロップすべてについて A および B を求めることに相当する。一方、フリップフロップは、フリップフロップの種別に応じた特性方程式をもつ。例えば JK-FF の特性方程式は

$$Q^{n+1} = \overline{K}Q^n + J\overline{Q^n} \tag{12.14}$$

である。JK-FF を用いて目的の順序回路を実現する場合、式 (12.13) を式 (12.14) で表されるフリップフロップで実現することになるから、$A = \overline{K}$ および $B = J$ の関係が成り立つように、JK-FF には $J = B$ および $K = \overline{A}$ を入力すればよい。

特性方程式と応用方程式の対応を考えて設計する手順を、同期式 10 進カウンタを例として説明する。まず、目的とする順序回路の応用方程式を求めるた

12

め、表 12.3 の現在の状態と次の状態の列のみの真理値表を作成する。

次の状態の出力 $Q_i^{n+1}(i=0,1,2,3)$ を現在の出力 Q_0^n、Q_1^n、Q_2^n、Q_3^n で表すと

$$
\begin{aligned}
Q_0^{n+1} &= \overline{Q_3^n}\,\overline{Q_2^n}\,\overline{Q_1^n}\,\overline{Q_0^n} + \overline{Q_3^n}\,\overline{Q_2^n}Q_1^n\overline{Q_0^n} + \overline{Q_3^n}Q_2^n\overline{Q_1^n}\,\overline{Q_0^n} \\
&\quad + \overline{Q_3^n}Q_2^nQ_1^n\overline{Q_0^n} + Q_3^n\overline{Q_2^n}\,\overline{Q_1^n}\,\overline{Q_0^n} \qquad (12.15)
\end{aligned}
$$

$$
Q_1^{n+1} = \overline{Q_3^n}\,\overline{Q_2^n}\,\overline{Q_1^n}Q_0^n + \overline{Q_3^n}\,\overline{Q_2^n}Q_1^n\overline{Q_0^n} + \overline{Q_3^n}Q_2^n\overline{Q_1^n}Q_0^n + \overline{Q_3^n}Q_2^nQ_1^n\overline{Q_0^n} \qquad (12.16)
$$

$$
Q_2^{n+1} = \overline{Q_3^n}\,\overline{Q_2^n}Q_1^nQ_0^n + \overline{Q_3^n}Q_2^n\overline{Q_1^n}\,\overline{Q_0^n} + \overline{Q_3^n}Q_2^n\overline{Q_1^n}Q_0^n + \overline{Q_3^n}Q_2^nQ_1^n\overline{Q_0^n} \qquad (12.17)
$$

$$
Q_3^{n+1} = \overline{Q_3^n}Q_2^nQ_1^nQ_0^n + Q_3^n\overline{Q_2^n}\,\overline{Q_1^n}\,\overline{Q_0^n} \qquad (12.18)
$$

を得る。これらをカルノー図を用いて簡単化する。10 進数の 10 から 15 に対応する状態は存在しないため、簡単化の際にはドントケアとして活用する。簡単化の結果、

$$
\begin{aligned}
Q_0^{n+1} &= \overline{Q_0^n} = 0 \cdot Q_0^n + 1 \cdot \overline{Q_0^n} &(12.19)\\
Q_1^{n+1} &= \overline{Q_0^n} \cdot Q_1^n + \overline{Q_3^n}Q_0^n \cdot \overline{Q_1^n} &(12.20)\\
Q_2^{n+1} &= (\overline{Q_1^n} + \overline{Q_0^n}) \cdot Q_2^n + Q_1^nQ_0^n \cdot \overline{Q_2^n} &(12.21)\\
Q_3^{n+1} &= \overline{Q_0^n} \cdot Q_3^n + Q_2^nQ_1^nQ_0^n \cdot \overline{Q_3^n} &(12.22)
\end{aligned}
$$

となる。このとき、$Q_i^{n+1}(i=0,1,2,3)$ の簡単化後の論理式の各項には Q_i^n または $\overline{Q_i^n}$ が含まれるようにする。これらの応用方程式を JK-FF で実現するためには、JK-FFi の J_i には応用方程式の $\overline{Q_i^n}$ の係数を入力し、K_i には Q_i^n の係数の否定を入力すればよい。この入力を表す入力方程式は、式 (12.5) から式 (12.12) の結果と同一となる。

12.2 順序回路の設計例

第 10 章で考えた信号機を実現する順序回路を設計する。ここでは D-FF を用いる。設計する信号機は緑、黄、赤の 3 種類のライトがあり、外部のタイマ

からの入力 A が加わるたびに緑、黄、赤の順に点灯する。設計する順序回路の入力は外部のタイマからの入力 A とし、出力は緑、黄、赤の点灯に各ビットが対応する 3 ビットの信号 GYR とする。まず、想定する順序回路の状態数を考える。この信号は緑、黄、赤の 3 種類のライトが点灯する合計 3 状態がある。緑が点灯している状態を S_0、黄が点灯している状態を S_1、赤が点灯している状態を S_2 とする。合計で 3 状態存在するため、2 個のフリップフロップが必要となる。各状態における 2 個のフリップフロップ（D-FF0 と D-FF1）の出力 Q_0 と Q_1 を表 12.4 の状態割当表に示す。A が入力されるたびに状態を遷移することから、各フリップフロップには A をクロックとして入力する。

表 12.4　信号機の状態割当表

内部状態	FF の出力	
	Q_1	Q_0
S_0	0	0
S_1	0	1
S_2	1	0

この信号機の状態遷移表は表 12.5 となる。表 12.5 から D_1^n、D_0^n、G、Y、R の論理式を Q_1^n と Q_0^n を入力としてそれぞれ求めると、

$$D_1^n = \overline{Q_1^n}Q_0^n \tag{12.23}$$

$$D_0^n = \overline{Q_1^n}\,\overline{Q_0^n} \tag{12.24}$$

$$G = \overline{Q_1^n}\,\overline{Q_0^n} \tag{12.25}$$

$$Y = \overline{Q_1^n}Q_0^n \tag{12.26}$$

$$R = Q_1^n\overline{Q_0^n} \tag{12.27}$$

が得られる。これらを回路図で表すと図 12.5 が得られる。最終的に得られる回

表 12.5　信号機の状態遷移表

現在の状態			次の状態			D-FF の入力		出力
	Q_1^n	Q_0^n		Q_1^{n+1}	Q_0^{n+1}	D_1^n	D_0^n	GYR
S_0	0	0	S_1	0	1	0	1	100
S_1	0	1	S_2	1	0	1	0	010
S_2	1	0	S_0	0	0	0	0	001

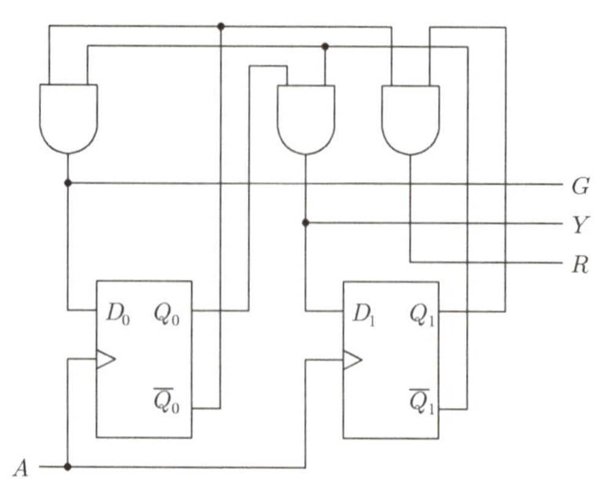

図 12.5　信号機を実現する順序回路

路は表 12.4 に示した状態割当に依存する。このため同じ機能を有する回路であっても、状態割当の仕方により、回路の複雑さや使用する素子数が変化する。

例題 12.2

グレイコードを出力する同期式 3 進カウンタを D-FF で設計せよ。

解答

3 進カウンタの状態数は 3 であるから、2 個のフリップフロップで実現できる。グレイコードを出力する 3 進カウンタの状態遷移図を図 12.6 に示す。

このカウンタの状態遷移表は表 12.6 となる。表より、D_0^n および D_1^n を実現する論理関数を求めると

$$D_0^n = \overline{Q_1^n}\,\overline{Q_0^n} + \overline{Q_1^n} Q_0^n = \overline{Q_1^n} \tag{12.28}$$

$$D_1^n = \overline{Q_1^n} Q_0^n \tag{12.29}$$

となる。以上より図 12.7 のカウンタが得られる。

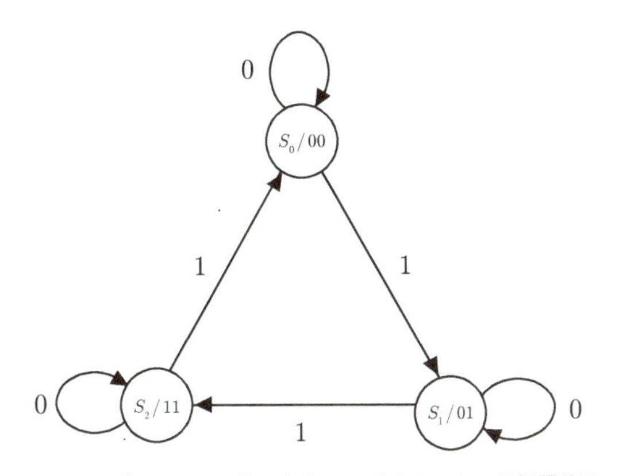

図 12.6　グレイコードを出力する 3 進カウンタの状態遷移図

表 12.6　グレイコードを出力する 3 進カウンタの状態遷移表

クロック数	現在の状態 $Q_1^n Q_0^n$	次の状態 $Q_1^{n+1} Q_0^{n+1}$	D-FF の入力 $D_1^n D_0^n$
0	00	01	01
1	01	11	11
2	11	00	00

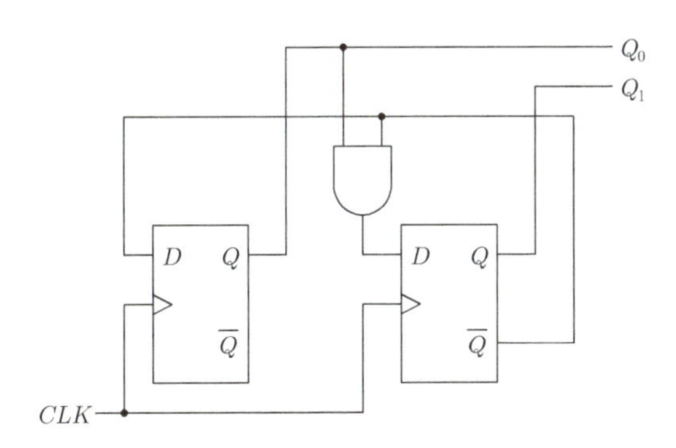

図 12.7　グレイコードを出力する 3 進カウンタの回路図

12

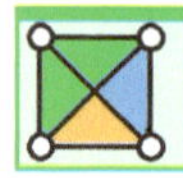

章末問題

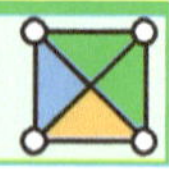

12.1 ポジティブエッジトリガ型の D-FF を用いて同期式 5 進カウンタを設計する。以下の問いに答えよ。

(1) 実現に必要な状態数を定め、必要となるフリップフロップの個数を求めよ。

(2) 同期式 5 進カウンタの状態遷移図を示せ。

(3) 同期式 5 進カウンタの状態遷移表を示せ。

(4) 各 D-FF の入力を表す論理式を求めよ。

(5) 同期式 5 進カウンタの回路図を示せ。

12.2 100 円硬貨が 3 枚投入されると商品を出す自動販売機の制御回路を設計する。硬貨が投入されたことを検知するセンサからの入力を $A = 1$、商品を出すことを指示する出力を $X = 1$ として以下の問いに答えよ。ただし、100 円以外の硬貨は入力されないとする。

(1) 実現に必要な状態数を定め、必要となるフリップフロップの個数を求めよ。

(2) 回路の状態遷移図を示せ。

(3) 回路をポジティブエッジトリガ型の D-FF で実現する場合の状態遷移表を示せ。

(4) 各 D-FF の入力を表す論理式を求めよ。

(5) この制御回路を示せ。

12.3 次の状態遷移図で表される自己補正型リングカウンタをポジティブエッジトリガ型の D-FF を用いて実現する。以下の問いに答えよ。

(1) 必要となるフリップフロップの個数を求めよ。

(2) このリングカウンタの状態遷移表を示せ。

(3) 各 D-FF の入力を表す論理式を求めよ。

(4) このリングカウンタの回路図を示せ。

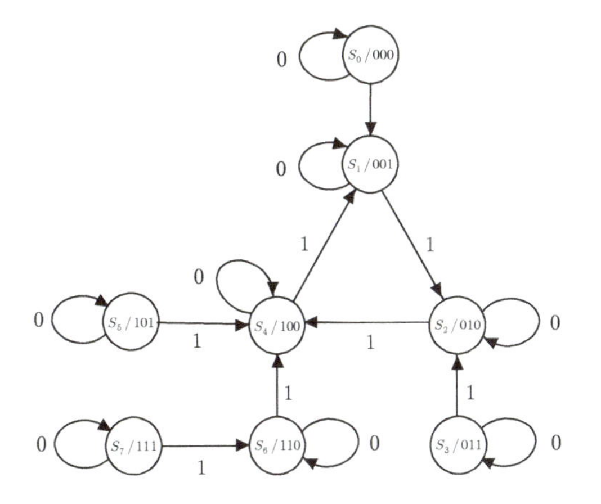

ミーリー型の順序回路は必要？

順序回路には「ムーア型（Moore machine）」と「ミーリー型（Mealy machine）」という 2 種類の構成がある。ムーア型は“現在の状態”だけで出力が決まり、ミーリー型は“現在の状態”と“入力”の両方から出力が決まるという違いがある。ムーア型は出力がクロックに同期して変化するため、回路が安定しやすくデバッグしやすい。一方で、ミーリー型は入力が変化すると同じクロックサイクル内で出力に反映できる。すなわち、応答遅延を最小化できることが最大の特徴である。

本書では、まず覚えるべき構成としてムーア型のみを解説している。ムーア型の回路は「状態を遷移させる部分」と「状態に基づく出力」を分けて考えられる。出力が状態だけで決まるから、ノイズや入力の変動によるスパイク（瞬間的な出力の乱れ）が起こりにくく、タイミング解析も容易である。

ごく一部のシステムでは、ミーリー型でないと実現できないほど高速な応答が必要となることがある。例えば、高速通信プロトコルの一部のハンドシェイクで、同じクロックサイクル内に“相手のシグナルを検知した”という応答を返さなければならない場合がある。ムーア型では、入力が変化しても次のクロックエッジで状態が遷移し、それから出力が変化するため、最大 1 クロックの遅延が生じる。このような場合にミーリー型にすると、入力が変化したタイミングで組み合わせ回路が動作するため、即座に応答を返すことができる。

最初はムーア型で順序回路を理解し、応答速度を優先したい場面に出会ったときにミーリー型を選択するとよい。それぞれの構成の特徴を理解し、目的の仕様に合わせて適切な構成を選べるようになることが理想である。

第13章 記憶回路

コンピュータやシステムLSIでは、入力信号や演算結果は記憶回路（メモリ）に保存される。メモリを用いることで複雑な処理を分割して行うことが可能となる。これにより複数のハードウェアによる並列処理や、データの再利用が可能となるため、効率的な処理が実現される。本章では、ディジタル回路において使用されるメモリの種類や特徴について説明する。メモリはアレイ状に配列した多数のメモリセルからなり、メモリセルの種類によりさまざまな特徴を有する。

本章のポイント

- メモリにはROM（不揮発性メモリ）とRAM（揮発性メモリ）がある。
- ROMは電源を切ってもデータを保持できるため、装置の起動時の動作に必要なプログラムなどを書き込むために用いられる。
- ROMにはマスクROMやEEPROM、フラッシュメモリがあり、これらは専用のMOSFETを用いてデータを保持する。
- 高速動作可能な揮発性メモリであるRAMは、コンピュータのキャッシュメモリやメインメモリに用いられる。
- RAMにはSRAMとDRAMがある。SRAMはラッチを用いたメモリであり、DRAMはデータを容量に蓄えた電荷で保持するメモリである。
- メモリは、マルチプレクサとともに用いることでルックアップテーブルを実現することができる。

13.1 メモリの基本機能と分類

メモリ（memory）は、コンピュータシステムなどにおいてデータやプログラムを保存する装置である。コンピュータを構成する **CPU** では、まずメモリにデータを読み込み、メモリから必要なデータを順次読み出して処理を行う。このため、メモリはコンピュータには欠くことができない。メモリの基本機能には、バイナリデータの書き込み（Write）と読み出し（Read）がある。図 13.1 にメモリの基本構造を示す。メモリは、**メモリセル**（memory cell）を 2 次元的または 3 次元的に配列した**セルアレイ**（cell array）と、メモリセルを選択するデコーダ、メモリセルにデータを書き込む**書き込み回路**、メモリセルのデータを読み出す**増幅回路**からなる。

1 個のメモリセルは、1 ビットのデータを保存することができる。図 13.1 に示す 2 次元的なセルアレイの場合、$2^{(N+M)}$ 個のメモリセルは $2^N \times 2^M$ に配列される。この中から特定の 1 個のメモリセルを特定し、書き込みや読み出しを行うために、$(N+M)$ ビットのアドレス信号を用いる。図 13.1 の例では、アドレス信号 $A_0 \sim A_{N+M-1}$ のうち A_0 から A_{M-1} は列デコーダに入力され、A_M から A_{N+M-1} は行デコーダに入力される。行デコーダは、2^N 本の**ワード線**（word-line，読み書きするメモリセルが存在する行を選択する配線）のうち 1 本

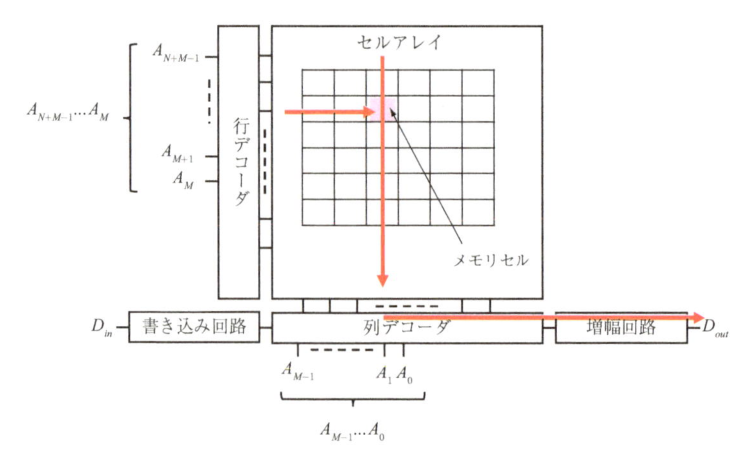

図 13.1　メモリの基本構造と読み出し動作

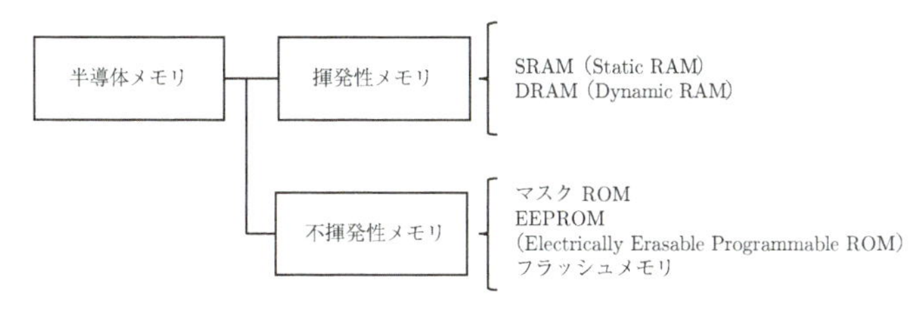

図 13.2 メモリの分類

のワード線を選択する。一方、列デコーダは 2^M 本の複数の**ビット線**（bit-line, 読み書きするメモリセルが存在する列を選択する配線）から 1 本のワード線を選択する。行デコーダと列デコーダのそれぞれに選択されたメモリセルがアクセス可能となる。読み出しの場合には、指定されたメモリセルのデータを増幅回路でディジタルデータとして判定可能な振幅まで増幅して出力する。書き込みの場合には、入力された信号 D_{in} を書き込み回路で書き込む。

ディジタル回路では、用途に応じて原理が異なるいくつかのメモリセルが用いられる。図 13.2 にメモリの分類を示す。メモリは**揮発性メモリ**（volatile memory）と**不揮発性メモリ**（non-volatile memory）に大別される。揮発性メモリは電源が供給されている間のみデータを保持し、電源が切れるとデータを失うメモリである。一方、電源が切られてもデータを保持するメモリを不揮発性メモリと呼ぶ。例えば、装置の起動時に用いるデータの保存には不揮発性メモリが用いられる。

またメモリは、**読み出し専用メモリ**（**ROM**：Read Only Memory）と**ランダムアクセスメモリ**（**RAM**：Randam Access Memory）に分類することができる。ROM はデータの書き換えができない読み出し専用のメモリである。ROM は装置の起動時の動作に必要な基本的なプログラムや初期設定を書き込むために用いられる。しかし、**フラッシュメモリ**（flash memory）や **EEPROM**（Electrically Erasable Programmable ROM）などの再書き込み可能なメモリも同様の目的で使用されることが増えたことから、それらの再書き込み可能なメモリも今日では ROM として分類されることが一般的である。実用上は、不揮発性のメモリを ROM に分類する。

これに対して、構成するすべてのメモリセルに対して直接データを読み書きできる（ランダムアクセス可能な）高速なメモリが RAM である。近年は EEP-ROM などランダムアクセス可能な ROM も存在するため、今日ではランダムアクセスが可能であることは RAM に求められる機能の一つにすぎない。実用上は、コンピュータの実行中に一時的なデータの保存に用いられる高速動作可能なメモリを RAM に分類する。主な RAM には SRAM と DRAM がある。これらの RAM は保存回数に制限がなく、高速に読み書きができるため、コンピュータの一時保存用のメモリに適する。

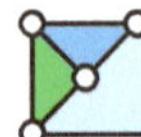

13.2 読み出し専用メモリ（ROM）

不揮発性メモリ（ROM）の中の一つに**マスク ROM**（mask ROM）がある。マスク ROM は、製造段階で露光マスクを用いて記憶内容を回路に書き込むため、マスク ROM と呼ばれる。マスク ROM は製造時に記録したデータを後に変更することはできない。

図 13.3（a）を用いてマスク ROM の動作原理を説明する。マスク ROM は、

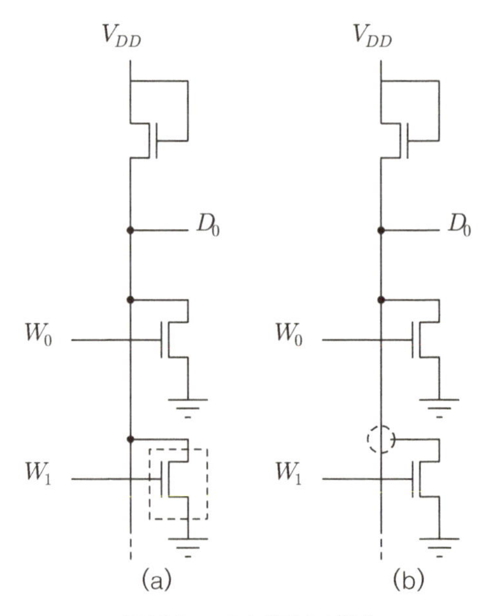

図 13.3　マスク ROM の構成

MOSFETをメモリセルとして用い、各MOSFETにデータを記録する。図13.3（a）では、導通可能なMOSFETに0、導通不可能なMOSFETに1を割り当てている。記録したデータの読み出しには、まずデータ線 D_0 をプリチャージする[*1]。この状態で読み出したいメモリのワード線 W_0 を1とする。W_0 が接続されたMOSFETが0を保持している（導通可能なMOSFET）場合、ワード線を1とすると導通するため、プリチャージされた電荷はMOSFETを通じて放電される。この後、データ線の電圧を読み出すことでMOSFETに記録されたデータ0が得られる。一方、MOSFETが1を保持している（破線で囲まれたMOSFETは導通不可能なMOSFETであるとする）場合、データ線 D_0 をプリチャージしたあと、ワード線 W_1 を1としてもMOSFETは導通しないため、プリチャージされた状態は維持される。その後、データ線の電圧を読み出すことで1を得る。導通不可のMOSFET（1を記録）は、MOSFETのしきい電圧を十分に高くすることで実現される。また、図13.3（b）のようにコンタクト（配線とMOSFETの接続部分）を未接続とすることで、導通不可のMOSFETを実現する方法もある。

より集積度が高いマスクROMの構成方法に、図13.4に示すNAND型のマスクROMがある。図13.4では n 個の保持用のMOSFETとブロック選択用のMOSFET（ゲートに B_i が接続されたMOSFET）が、一つのデータ線と接地の間に接続される。保持用のMOSFETに1を書き込む場合には、そのしきい電圧を正とし、0を書き込む場合にはしきい電圧が負となるように製作する。データ線をプリチャージしたあと、読み出し対象のワード線のみを0とし、ほかのすべてを1とした状態で、ブロック選択線 B_i を1とする。このとき、読み出し対象以外のMOSFETは導通状態である。読み出し対象のMOSFETに0が記録されている場合、しきい電圧は負であるから、読み出し対象のMOSFETも導通する。そのためプリチャージされた電荷が放電され、出力は0となる。読み出し対象のMOSFETに1が記録されている場合、しきい電圧は正であるから読み出し対象のMOSFETは非導通となり、そのため、プリチャージされた電荷が放電されず出力は1となる。NAND型のマスクROMは集積度が高い。一方、複数個のMOSFETを経由して放電するため放電に要する時間は長

＊1　プリチャージとは、その節点に存在する寄生容量を充電することである。

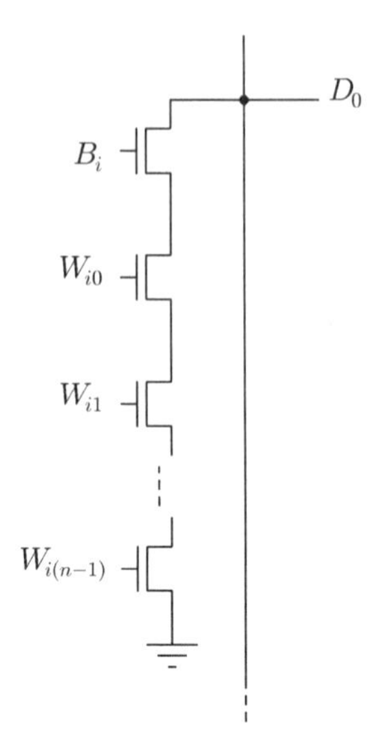

図 13.4　NAND 型マスク ROM の構成

くなり、動作速度はわずかに遅い。

マスク ROM は、大量生産によってコストを低減できる利点があり、ほかのメモリに比べて集積度にも優れている。このため、更新の必要がない家電のファームウェアの格納などに用いられる。一方で、開発には費用と時間がかかる。また、製造販売後の機能追加やプログラム修正などのアップデートが必要な用途には適さない。

PROM（Programmable ROM）は、使用者が一度だけ書き込むことができる ROM である。ROM を構成するメモリセルにヒューズが内蔵されており、書き込み動作として高電圧を加えることでヒューズを溶断し、データを書き込む。これに対して、**EPROM**（Erasable Programmable ROM）は、ユーザが再度書き込める ROM である。EPROM はデータを消去して再書き込みが可能な ROM の総称であるが、紫外線を用いてデータを消去する方式の EPROM が最初に実用化されたため、EPROM は、紫外線を利用して再書き込みが可能な ROM を指すことが多い。PROM と EPROM は、データの書き込みにそれぞれ専用の書き込み装置を必要とするため、**EEPROM**（Electrically Erasable Programmable ROM）やフラッシュメモリに置き換えられ、使用されること

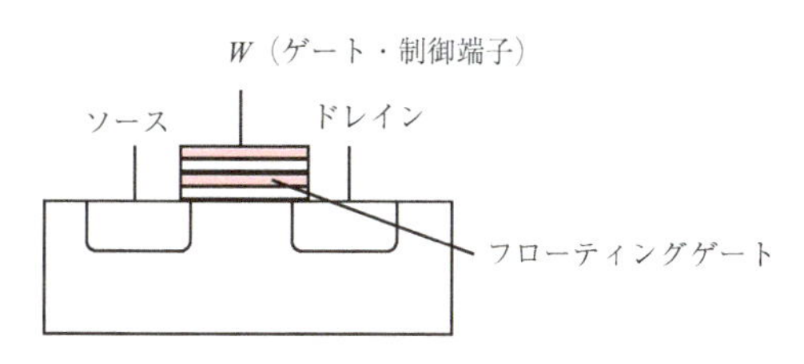

図 13.5　EEPROM およびフラッシュメモリの構造

は少なくなっている。

EEPROM とフラッシュメモリは、どちらも図 13.5 のようにフローティングゲートを有する MOSFET をメモリセルとするメモリである*2。メモリセルに 0 を記録する場合（書き込み）にはフローティングゲートに電子を注入し、メモリセルに 1 を記録する場合（消去）にはフローティングゲートから電子を引き抜く。フローティングゲートに電子が注入されると、MOSFET の見かけ上のしきい電圧が増加するため、ゲート電圧を印加した場合に電流はほぼ流れなくなる。一方、フローティングゲート内の電子が引き抜かれると MOSFET の見かけ上のしきい電圧が低下するため、ゲート電圧を加えると電流が流れる。MOSFET のゲートに電圧を加えたときに電流が流れれば 1、流れなければ 0 とすることでメモリとして用いることができる。EEPROM はバイト単位で書き込みおよび消去を行うのに対し、フラッシュメモリはブロック単位の書き込みおよび消去を可能にしている。このため、フラッシュメモリは大容量のデータの保存に優れる。反面、フラッシュメモリでは少量のデータの書き換えの場合でもブロック単位の書き換えを行うため、動作速度が遅くなる。このため、少量のデータの保存および書き込みには EEPROM が用いられる。

13.3　ランダムアクセスメモリ（RAM）

主な RAM には、**SRAM**（Static RAM）と **DRAM**（Dynamic RAM）がある。SRAM は図 13.6 に示すように、正帰還をかけた NOT でメモリセルが構成される。これはラッチと同じ原理である。N および $\overline{N}$ のいずれかが 1 となった状態で回路が安定となるため、データを保持することができる。いずれ

*2　フローティングゲートは、外部との接続のないゲートのことである。

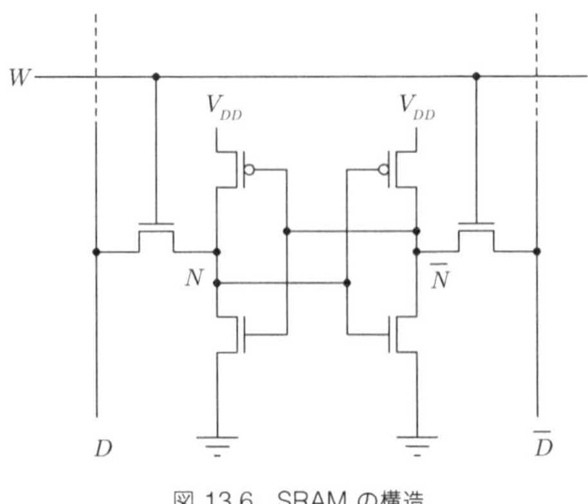

図 13.6　SRAM の構造

の安定状態においても、電源電圧と接地の間の MOSFET は一方が遮断しているため、消費電力は少ない。図の場合、1 個のメモリセルはデータを保持する 4 個のトランジスタと 2 個のスイッチからなる。データを読み出す際にワード線 W を 1 としてメモリセルとビット線をつなぐ MOSFET を導通させ、ビット線に N および $\overline{N}$ に保持された値を出力する。

SRAM がデータを保持する原理はラッチであるため、読み出しによりメモリセルの内容が失われることはない。SRAM は高速動作が可能であるため、CPU 内部で頻繁にアクセスするデータを一時的に保存するキャッシュメモリとして使用される。キャッシュメモリの使用により、CPU の処理速度は高速化される。SRAM は次に述べる DRAM に比べると 1 個のメモリセルを構成するトランジスタ数が多いため、コストが大きく実現可能な容量値の上限に制限がある。

SRAM より少ない MOSFET でメモリセルを実現したメモリが DRAM である。図 13.7 に DRAM を示す。DRAM のメモリセルは容量と 1 個のスイッチ（MOSFET）で実現される。このためメモリセルの専有面積が小さく、同じチップ面積で最も大きな容量を実現することができる。DRAM は大容量が実現できるため、パソコンやサーバのメインメモリとして用いられる。

容量 C_m に 1 を保持する場合には充電し、0 を保持する場合には放電する。データの読み出しは、容量に接続された MOSFET を導通させ、ビット線の電位の高低で判別する。しかし、ビット線には比較的大きな寄生容量 C_d が存在する。C_m に蓄えられた電荷は、読み出し時に C_d に流出し C_m の電圧が低下す

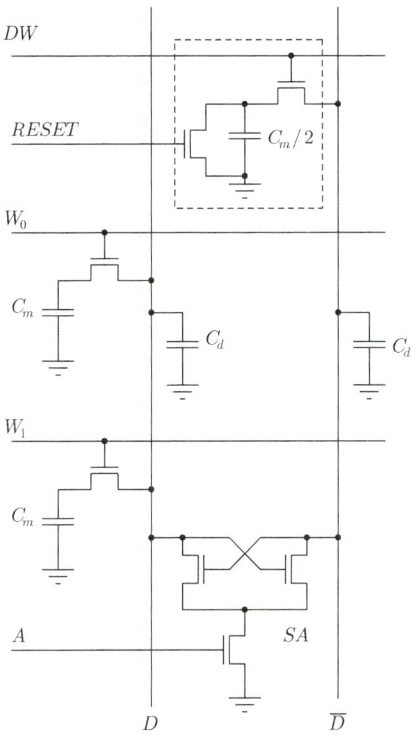

図 13.7　DRAM の構造

る。この電圧低下の影響を受けずにデータを読み出すために、図 13.7 の回路が用いられる。図 13.7 では、ビット線を 2 本とし、$\overline{D}$ 側のビット線には破線で囲まれた回路（ダミーセル）が接続される。ダミーセルのメモリ容量は $\frac{C_m}{2}$ である。また、2 本のビット線の間には増幅回路 SA が接続される。図 13.7 の読み出しでは、まずプリチャージを行う。すべてのワード線を 0 としたまま、ビット線の寄生容量 C_d を V_{DD} まで充電する。同時にダミーセルのコンデンサは放電する。次に、読み出し対象のメモリセルのワード線 W_0 とダミーセルのワード線 DW を 1 とし、ビット線に接続する。このとき、ビット線 $\overline{D}$ の電位はダミーセルにより V_{DD} から $\frac{C_m}{C_m+2C_d}V_{DD}$ だけ低下する。一方ビット線 D の電位は、メモリセルに 1 が保持されている場合には MOSFET の導通前後で電荷の移動が生じないため変化しない。この場合は、ビット線 D の電位がビット線 $\overline{D}$

の電位より高くなる。メモリセルに 0 が保持されている場合には、ビット線 D の寄生容量 C_d に蓄えられた電荷が MOSFET の導通後に C_m に移動するため、ビット線 D の電位は $\frac{C_m}{C_m+C_d}V_{DD}$ だけ低下する。メモリセルの容量はダミーセルの容量の 2 倍であるため、ビット線 D の電位は $\overline{D}$ のビット線の電位より低くなる。メモリセルの記憶内容によりビット線 D とビット線 $\overline{D}$ の電位の高低が変化する。この電位差を増幅回路 SA で増幅し、1 または 0 として読み出す。

メモリセル内の容量に蓄えられた電荷が 0 であった場合、メモリセル内の容量の電荷はワード線に 1 を加えると変化する。しかし、増幅回路 SA は A を 1 とした瞬間のビット線の電位の大小を比較し、電位が低い入力端子の電位を 0 とし、電位の高い入力端子の電位を 1（V_{DD}）となるまで増幅する。このため、1 が保持されていた容量 C_m は V_{DD} まで充電され、0 が保持されていた容量 C_m は再び放電されて 0 となる。このようにメモリセルの再充電および再放電が行われる。この動作を**リフレッシュ**（refresh）と呼ぶ。リフレッシュが完了したのち再びワード線を 0 とすることで、もとの記憶状態に戻る。DRAM の記憶内容はスイッチのリーク電流によって徐々に失われる。このため、DRAM はデータを用いない場合にも一定時間ごとに読み出し動作を行い、記憶内容のリフレッシュを行う。リフレッシュ動作が必要となるため、DRAM は SRAM に比べると消費電力が大きい。

13.4　メモリを用いた組み合わせ回路

メモリは、マルチプレクサと用いることでさまざまな組み合わせ回路を実現することができる。この用途で用いられるメモリとマルチプレクサからなる回路を**ルックアップテーブル**（**LUT**：Look Up Table）と呼ぶ。図 13.8 にルックアップテーブルを示す。実現したい組み合わせ回路の入力変数の数が n のとき、制御信号が n ビットのマルチプレクサと 2^n 個のメモリセルを用いる。各メモリセルはマルチプレクサに入力され、マルチプレクサは、制御信号の値に対応したメモリセルの値を出力する。

図 13.8 は $n=3$ とし、8 個のメモリセルをマルチプレクサで選択している。マルチプレクサは、制御信号 ABC が入力端子に記載されている値のとき、その入力端子に入力されている値を出力する。各メモリに図 13.8 のメモリの枠

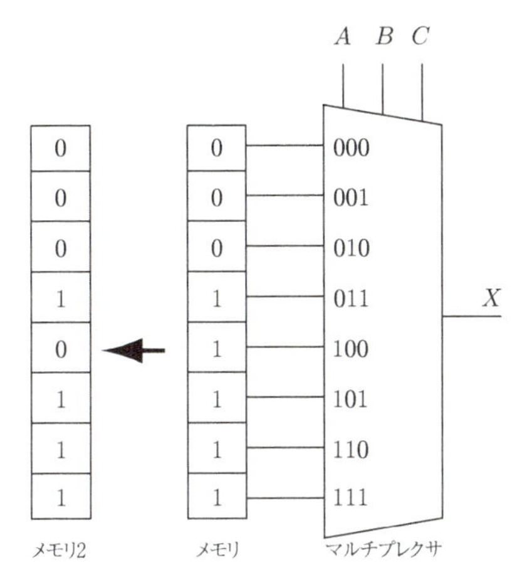

図 13.8 ルックアップテーブルによる組み合わせ回路の実現

内に記録した値が保持されているとすると、出力 X は、入力が $\overline{A}BC$、$A\overline{B}\overline{C}$、$A\overline{B}C$、$AB\overline{C}$、$ABC$ のときに 1 となるから、出力 X は A、B、C を入力変数として

$$X = \overline{A}BC + A\overline{B}\overline{C} + A\overline{B}C + AB\overline{C} + ABC = A + BC \tag{13.1}$$

と表せる。つまり図 13.8 は $X = A + BC$ の組み合わせ回路を実現する。ルックアップテーブルは、メモリの記憶内容を変更するだけで論理関数を変更することができる。この例では、メモリセルの記憶内容をメモリ 2 のように変更すると、実現される組み合わせ回路は

$$X = \overline{A}BC + AB\overline{C} + A\overline{B}C + ABC = AB + BC + AC \tag{13.2}$$

となる。ルックアップテーブルは再構成可能なディジタル回路の実現手段として、FPGA（第 14 章参照）で活用されている。

例題 13.1

全加算器をルックアップテーブルを用いて実現せよ。ただし、出力 S は入力 A と B の加算結果とし、出力 C_n は上位桁への桁上がりとする。また、入力 C_{n-1} は下位からの桁上がりを意味する入力とする。

解答

ルックアップテーブルとマルチプレクサで実現した全加算器を図 13.9 に示す。

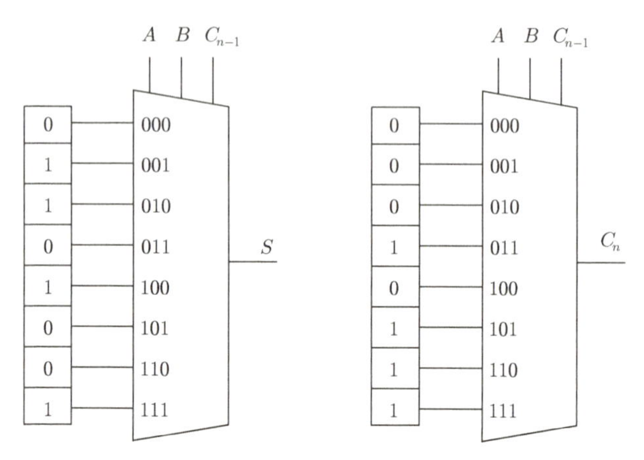

図 13.9　ルックアップテーブルで実現した全加算器

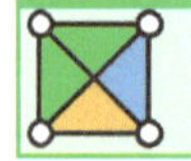

章末問題

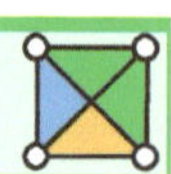

13.1 SRAM、フラッシュメモリ、EEPROM、DRAM を揮発性メモリと不揮発性メモリに分類せよ。また、装置の起動時に読み出すプログラムの保存に適するメモリと、コンピュータの実行中の一時的なデータの保存に適するメモリをそれぞれ挙げよ。

13.2 マスク ROM の利点を挙げ、適する用途を説明せよ。

13.3 EEPROM およびフラッシュメモリの動作原理を説明せよ。

13.4 SRAM と DRAM の特徴および動作を、以下の観点から比較せよ。
① 動作速度　② 実現可能な容量の大きさ　③ 1 メモリセルに必要なトランジスタの個数　④ リフレッシュ動作の必要性　⑤ 消費電力

13.5 次の図のルックアップテーブルが示す論理関数を示せ。

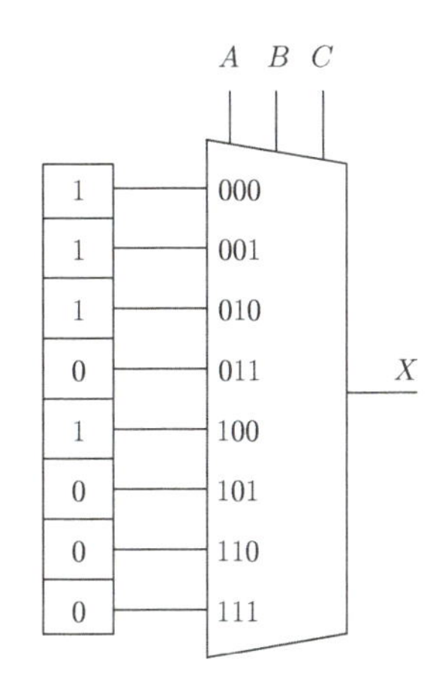

13.6 ルックアップテーブルで論理回路を実現する利点を説明せよ。

メモリ階層が支える高速化：小容量・高速 vs 大容量・低速のバランス

コンピュータなどのディジタル機器では、メモリをどのように配置するかが動作速度やコストに大きく影響する。一般に「小容量のメモリほど高速」「大容量のメモリほど低速」になりやすいため、これらを組み合わせて“階層”を作るのが基本戦略である。

例えば、CPU 内部にはキャッシュメモリと呼ばれる非常に高速な SRAM が搭載される。SRAM は容量は小さいが、アクセス遅延がきわめて短く、CPU が頻繁に必要とするデータを素早く取り出せるのが強みである。一方、主記憶として用いられる DRAM はキャッシュメモリより遅いが、はるかに大容量を実現できる。また、さらに下位には SSD や HDD といったストレージが用いられる。これらは、読み書き速度は落ちるものの膨大なデータを格納できるというメリットがある。

CPU が頻繁にアクセスする「今まさに使っているデータ」は、できるだけ高速なキャッシュメモリに置き、あまり使われないデータは大容量の DRAM やストレージ側へ退避する。こうしてデータを使う頻度に応じて移動させることが、メモリ階層の基本的な考え方である。キャッシュメモリでは、どのデータを保持し、どのデータを下位のメモリに退避させるのかを決める仕組み（キャッシュアルゴリズム）が重要である。コンピュータは、階層構造とキャッシュアルゴリズムを活用し、見かけ上、大容量と高速応答を両立している。

メモリ階層は、高速だが小容量のメモリと、低速だが大容量のメモリの「いいところどり」を目指す設計戦略といえる。ディジタル回路を設計するうえでも、この階層が存在する前提で回路の動作やシステム全体の速度を考えなければならない。

第14章 ディジタル回路の実現

本章では、ディジタル回路を実現する方法について学ぶ。ディジタル回路の実現は、回路規模や製造数に応じて適する方法が選択される。実現方法の一つとしてFPGA（Field Programmable Gate Array）を用いる場合を主に取り上げ、回路設計で用いられるハードウェア記述言語（HDL）の基礎を解説する。これまでの章で学んだ、組み合わせ回路や順序回路の設計手法を用いてディジタル回路を実現するまでの手順と方法を身に付ける。

本章のポイント

- 小規模な回路の実現には標準ロジックICの利用が適する。
- 大規模なディジタル回路の実現にはASICやFPGAの利用が適する。
- ASICやFPGAの設計にはHDLが用いられる。
- 目的の機能ブロックを実現する回路は、その回路のRTL記述をしたあとにEDAツールを用いて論理合成することで生成できる。
- HDLにはVHDLとVerilog HDLがある。

14.1 小規模な回路の実現

規模の大小にかかわらず、装置を開発する際にはまず開発する装置の「システム設計」を行う。システム設計では、装置に必要となる機能を機能ごとに切り分け、各機能を実現する方式、各機能ブロックの入出力信号、連携などを整理する。

各機能を実現する方法には、ディジタル回路（ハードウェア）による実現のほかにも、ソフトウェアによる実現がある。ハードウェアによる実現はソフトウェアによる実現に比べて高速であるという利点がある。処理が複雑となるほど処理に要する時間は長くなるため、複雑な処理にはハードウェアによる実現が選択される。小規模な回路で実現可能な簡単な機能や処理の場合、マイコンなどを用いたソフトウェアによる実現が有効な場合も多い。マイコンは装置内のほかの用途でも使用することができるため、部品点数を削減できる可能性がある。ソフトウェアでの実現の場合、機能ごとに異なる回路を構成する必要はなく、製品の作製後でもプログラム変更による機能修正が可能となるなどの利点がある。マイコンなどの演算装置の動作速度とメモリの容量は日々向上しているため、ソフトウェアで実現できる用途は日々増加している。用途に応じて適切な実現方法を選択することが有効である。

数個の機能ブロックからなる小規模な回路を実現する場合、回路を構成する論理ゲートやフリップフロップには**標準ロジック IC**（standard logic IC）の利用が適する。標準ロジック IC とは、論理ゲートやフリップフロップ、それらを組み合わせたレジスタやカウンタなどを集積化した IC（集積回路）である。本書で学んだ回路のほとんどは標準ロジック IC として用意されている。標準ロジック IC は複数のメーカが製造しているが、規格が定められており、図 14.1

SN 74 HC 04　N
(1)(2) (3) (4) (5)

(1)メーカ名　東芝：TC、TI：SN　など
(2)用途　74：一般向け　54：軍用規格
(3)シリーズ名　HC：電源電圧2-6VのCMOSロジック
LS：ローパワーTTLロジック　など
(4)機能　00：NAND、04：NOT、74：D-FF　など
(5)パッケージ

図 14.1　標準ロジック IC の型番

に示す型番で管理されている*1。共通の型番をもつICは、メーカが異なっても機能やピン配置、電源電圧などの互換性がある。標準ロジックICは、DIP、SOP、TSSOPなどの規格で定められたパッケージに収められて提供される。装置の大きさに応じて適するパッケージを選択するとよい。

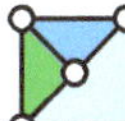

14.2 大規模な回路の実現

大規模な装置や複雑な処理を含む場合、ディジタル回路が大規模となるため、標準ロジックICによる実現は部品点数が多くなり、現実的ではない。大規模な回路は**PLD**（Programmable Logic Device）または**専用IC**（**ASIC**：Application-Specific Integrated Circuit）として実現する。

PLDは、使用者が組み合わせ回路や順序回路をプログラムできるディジタル集積回路である。実現する回路の機能を**ハードウェア記述言語**（**HDL**：Hardware Description Language）を用いて記述し、PLDに書き込んで用いる。マイコンは、プログラムにより指定された処理をソフトウェアで行い、演算結果を出力するのに対して、PLDに書き込むのは回路の構成情報であり、処理はハードウェアで行う。そのためマイコンに比べ高速な処理が可能となる。主なPLDには**CPLD**（Complex Programmable Logic Device）と**FPGA**（Field Programmable Gate Array）がある。両者の主な違いはゲート数と内蔵メモリにある。CPLDで実現可能なゲート数は数千から1万程度であり、FPGAは数百万ゲート程度まで実現することができる。また、CPLDは不揮発性のメモリを有し、回路の構成情報などを保持することができるのに対して、FPGAは揮発性のメモリを有する。

FPGAは、不揮発性のROMを併用して装置の起動時にROMから必要なデータをダウンロードして用いる。CPLDは論理ゲートやフリップフロップなどをマクロセルとして含み、ある程度固定された内部構造を有するため、FPGAより配線遅延が少ない。FPGAは多数の論理ゲートを含み、プログラム可能なルックアップテーブルや変更可能な配線構造を有するため、大規模で複雑な処理を実現することができる。また、並列処理にも適する。

*1　図14.1とは命名ルールが異なる4000シリーズも存在する。

PLD の利用は、専用 IC に比べて開発期間は短く開発費用も抑えられる反面、素子の価格は量産時の専用 IC に比べると高いため、CPLD や FPGA は少量生産品や大量生産前の試作などに適する。また、ソフトウェアによる実現と同じく開発後の機能変更も可能である。

専用 IC（ASIC）は、目的の動作をするディジタル回路を集積回路として製作する方法である。回路は目的の用途に最適化して設計することができるため、PLD に比べて高速かつ低消費電力で実現できる。FPGA とは異なり、必要なアナログ回路も含めることができるため、大規模な回路の小型化に適する。一方で、FPGA に比べて設計に大きな労力と費用がかかり、大規模回路となるほど開発期間は長くなる。このため少量生産には不向きである。しかし、設計後は回路の大量生産が安価で可能となるため、大量生産する用途に適する。

PLD と ASIC を用いる場合の開発は一部を除いて類似しており、以下の手順で行われる。

1. システム設計
2. 機能設計（各機能ブロックの RTL 設計）
3. 論理合成
4. 配置配線、またはコンフィグレーション
5. 検証

システム設計では、装置が実現すべき機能や消費電力、速度などの要求事項を決める。各機能をソフトウェアとハードウェアのいずれで実現するかを選択するほか、ハードウェアを機能ブロックごとに分割し、各機能ブロックの仕様を明確化する。仕様には並列処理の有無などの制御方法、ブロック間の入出力信号、処理に許容される処理時間などを定める。

続く機能設計は、**RTL**（Resister Transfer Level）**設計**とも呼ばれ、各機能ブロックに割り当てられた機能を HDL を用いて記述する。回路規模が大きくなると、真理値表や状態遷移表からディジタル回路を導くことが困難になる。そこで大規模な回路の設計では、各機能ブロックの動作や機能を HDL を用いて記述し、その動作を実現する回路を専用の設計ツール（**EDA**：Electronic Design Automation）を用いて自動的に生成する（論理合成）方法がとられる。設計者

はまず、各機能ブロックの動作や機能を記述し、作成したRTL記述により目的の動作が得られることを確認（機能検証）する。HDLはハードウェアの動作の表現に適したプログラム言語であり、コンピュータ上で動作の検証ができる。設計した機能ブロックのテスト用の仮想環境（テストベンチ）を作成し、想定されるすべての入力条件に対する機能ブロックの出力の妥当性を検証する。各機能ブロックに論理的な誤りがないことを確認するテストベンチも、HDLで記述して行う。機能検証は、設計した回路が真理値表どおりに動作することの確認に相当する。また、各機能ブロックの動作タイミングが適切であることも確認する。まず個々の機能ブロックの動作について確認し、次に複数の機能ブロックを接続した際の動作について確認する。

論理合成（logic synthesis）は、機能検証を通過したHDLを実際のハードウェア上に実現する回路に変換する作業である。論理合成ツールを用いてHDLから論理ゲートやフリップフロップなどの回路素子に変換する。同一のHDLであっても、FPGAやASICなど回路の実現方法に応じて異なる素子に変換される。回路を合成したあとは、回路を用いた機能検証を再度行う。論理合成以降の設計作業は、ASICの場合とFPGAの場合で大きく異なる。FPGAについては続く節で述べることとし、以下ではASICの場合について述べる。ASICの設計では、論理合成により**ネットリスト**（netlist）と呼ばれる回路図データを得る。回路内で用いられる論理ゲートやフリップフロップは、セルライブラリとして事前に用意する*2。ネットリストとセルライブラリを用いて、設計した回路が遅延時間を考慮した場合でも正しく動作することを確認する。この検証を**タイミング検証**と呼ぶ。

配置配線では、ネットリストに含まれる回路素子を集積回路のICチップ上に配置し各素子を配線する。配置配線も論理合成と同じく、EDAツールにより自動的に行うことができる。配置配線の結果に対して、配線遅延を考慮した検証を行う。クロックの周期内に各機能モジュールの出力が安定し、想定した動作をすることを確認する。自動的に生成された配置および配線結果では問題が生ずる場合、設計者が素子の配置や配線を指定して問題を取り除く。このように論理合成や配置配線は自動化されているものの、生成された結果から問題を

*2　セルライブラリは集積回路のメーカから提供されるものを用いるか、設計者が準備する。

取り除く作業や、より高性能な回路の実現には設計する回路内部の理解が必要となる。

14.3 FPGAの内部構造

FPGA は、**論理ブロック**（**CLB**：Configurable Logic Block）、DSP、配線、IO セルなどからなる。論理ブロックは、第 13 章で説明したルックアップテーブルを用いて論理演算を行う回路である。論理ブロックや DSP は、FPGA 内部で図 14.2 に示すように縦横に規則正しく配置されており、その間に無数の配線が存在する。各論理ブロックの入出力や配線の交点には図 14.2 右側の拡大図のようにスイッチが存在するため、配線の接続状態をスイッチのオン・オフにより変更できる。図 14.2 では、オンと記載したスイッチのみ短絡することで CLB A と CLB B を接続している。

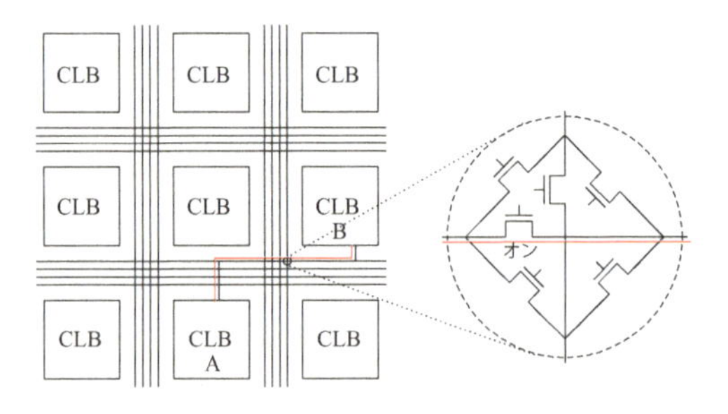

図 14.2　FPGA の内部構造

図 14.3 に論理ブロックの例を示す。論理ブロックは、SLICE と呼ばれる論理ユニットを複数含む。図 14.3 の例では、論理ブロック内に 2 個の SLICE を含み、1 個の SLICE には、6 入力の LUT が 4 個と、8 個の D-FF が含まれる。各 LUT や D-FF は内部で動的に接続を変更することができるため、1 個の SLICE で最大 4 個の 6 入力の論理回路と、8 ビットのレジスタを構成することができる。4 ビット程度の算術演算ならば 1 個の SLICE で実現できる。論理ブロックには 2 個の SLICE が含まれるため、1 個の論理ブロックだけでその倍程度の規模の演算が可能となる。さらに、1 個の FPGA は数千個から 1 万個を超える論理ブロックを含むため、FPGA はかなり大規模な回路も実現することがで

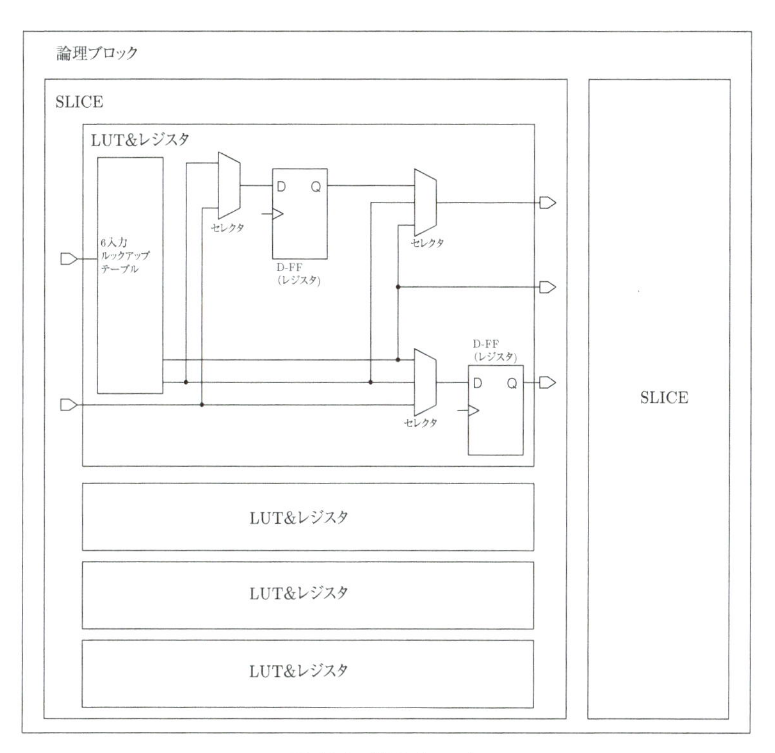

図 14.3　論理ブロック

きる。

論理ブロックおよび配線部には多くのスイッチが含まれ、それらのオン・オフの情報は SRAM に書き込まれる。FPGA 内の SRAM の値を定めることで、論理ブロックの機能と配線が定まる。

FPGA の設計では、論理合成により得られた回路の情報と用いる入出力端子に関する情報を、FPGA に書き込める形式のデータに変換し、FPGA に転送する。このように FPGA 内部の機能や配線を FPGA に設定する作業を**コンフィグレーション**（configuration）と呼ぶ。FPGA の設計では、ASIC の設計における配置・配線作業の代わりにコンフィグレーションを行う。コンフィグレーションは、FPGA と USB などで接続された PC を用いて短時間で行うことができる。機能設計や検証、コンフィグレーションまでの一連の作業を同一の環境から行うことができる専用の EDA ツールも FPGA のメーカから提供されている。

FPGA とあわせて用いる必要がある電源回路や ROM、クロック生成用の発振回路、インターフェースなどを用意したテストボードも用意されている。テストボードを用いることで、FPGA 以外の設計を行うことなく、開発から試験まで PC 一台で行うことも可能となっている。

ASIC の開発では、回路設計のあとに集積回路の製造やパッケージへの封入などの作業が必要になるため、設計した回路の性能評価を行うまでに長い時間が必要となるのに対して、FPGA を用いた開発では、回路設計後すぐに性能評価を行うことができる。性能評価後に設計内容の変更も容易であるため、ASIC での大量生産前の試作に用いられることもある。

14.4 ハードウェア記述言語

FPGA や ASIC の設計では HDL が用いられる。HDL はプログラミング言語と似ているが、プログラミング言語は処理を表現するのに対して、HDL はディジタル回路の構造や動作を記述するために用いられる。プログラミングは複数の処理を順番に行う逐次処理を基本として記述するのに対して、HDL は並列処理を基本として記述する点が異なる。これは、HDL で記述された内容は FPGA や ASIC などのハードウェアで実行されるため、複数の機能ブロックが同時に動作することが可能なためである。HDL を用いることで、多くの論理ゲートを含む複雑なディジタル回路を比較的短期間で設計することが可能となる。さらに、過去に設計した機能ブロックの再利用や一部の変更も容易となる。HDL は設計後の検証にも活用される。回路をハードウェアで構築する前に検証を行うことで、事前に不具合を発見して修正することができる。

HDL の記述は、大きく分けて**動作レベル**、**ゲートレベル**（gate level）、**RTL**（Register Transfer Level）の 3 種類に分類することができる。動作レベルは、内部の回路の構造は意識せずに機能のみを記述する。機能の表現には、if 文や for ループなどの通常のプログラム言語でなじんだ表現を用いることもできる。動作レベルの記述は抽象度の高い表現であるため、動作レベルには論理合成を行うことはできない表現が含まれる場合がある。動作レベルは、設計の初期段階など RTL レベルの記載では抽象度が低すぎる場合に用いる。

ゲートレベルは、FPGA や ASIC に実現する回路と 1 対 1 に対応する記述方法（ネットリスト）である。最終的に FPGA 上に実現するのはゲートレベルで記述された回路となる。ゲートレベルの記述は回路図をテキストで表現しているに過ぎないため、ゲートレベルの HDL を用いて設計をしても設計の省力化にはならない。ディジタル回路設計ではゲートレベルのネットリストは論理合成により得るため、特別な場合を除いて設計者がゲートレベルの表現を設計することはあまりない。

RTL は、動作レベルとゲートレベルの中間の表現に相当する。RTL は、論理合成によりゲートレベルの表現を得ることが可能な表現である。RTL では、レジスタに収納する信号をクロックの変化ごとに記述する。RTL の定義は曖昧な部分もあるが、カウンタやマルチプレクサなどの機能ブロックの入出力信号をクロックごとに記述すると考えるとよい。RTL で記述された HDL は、論理合成ツールを用いてゲートレベルの HDL に自動的に変換することができるため、設計を RTL で行うことにより、設計の省力化が実現される。

代表的な HDL に **VHDL** と **Verilog HDL** の 2 種類が存在する。VHDL は、アメリカ国防総省により開発された言語である。記述ルールが厳格に定義されており、データ型の明確な宣言が必要であるなど一部記述が冗長となる場合もあるが、堅牢な記述ができる。複雑なシステムや高信頼性が求められる分野に適するとされる。図 14.4 に VHDL で記述した 4 ビットカウンタを示す。図 14.4 に示すように、VHDL は主に以下の 3 種の部分からなる。

- ライブラリ（library）宣言部：使用するライブラリおよびパッケージを指定する。ライブラリやパッケージは各種のデータの型や演算子を用いる際に必要となる。
- エンティティ（entity）宣言部：回路の入力端子と出力端子の設定を記述する。
- アーキテクチャ（architecture）宣言部：回路の機能を記述する。

Verilog HDL は、集積回路の設計効率の向上を目的としてゲートウェイ・デザイン・オートメーション社によって開発された。C 言語に似た柔軟で自由度が高い記述ができるという特徴がある。構文がシンプルであるため、学習が比

```
library IEEE;
use IEEE.STD_LOGIC_1164.ALL;
use IEEE.STD_LOGIC_ARITH.ALL;
use IEEE.STD_LOGIC_UNSIGNED.ALL;

entity Counter is
    Port (
        clk : in STD_LOGIC;                          -- クロック信号
        rst : in STD_LOGIC;                          -- リセット信号
        count : out STD_LOGIC_VECTOR (3 downto 0) -- 4 ビットカウント
値
    );
end Counter;

architecture RTL of Counter is
    signal internal_count : STD_LOGIC_VECTOR (3 downto 0); -- 内部カ
ウンタ信号
begin
    process(clk, rst)
    begin
        if rst = '1' then
            internal_count <= (others => '0'); -- リセット時に 0
        elsif rising_edge(clk) then
            internal_count <= internal_count + 1; -- カウントアップ
        end if;
    end process;

    count <= internal_count; -- 出力に内部カウンタを割り当て
end RTL;
```

図 14.4　VHDL で記述した 4 ビットカウンタ

較的容易な言語とされる。図 14.5 に Verilog HDL で記載した 4 ビットカウンタを示す。図 14.5 は図 14.4 に比べると少ない記述量で表現できていることがわかる。Verilog HDL では機能ブロックのことを**モジュール**（module）と呼び、各モジュールの記述は module から endmodule の間のモジュール宣言部に記載する。モジュール宣言部はポート宣言部とアーキテクチャ宣言部からなる。ポート宣言部は VHDL のエンティティ宣言部に相当し、アーキテクチャ宣言部には VHDL と同様に機能を記述する。

いずれの言語を用いても同じ回路を設計することができるため、言語は設計者の好みや設計環境などで選択してよい。

```
module Counter (
    input clk,                    // クロック信号
    input rst,                    // リセット信号
    output reg [3:0] count        // 4 ビットカウント値
);

    always @(posedge clk or posedge rst) begin
        if (rst) begin
            count <= 4'b0000;     // リセット時に 0
        end else begin
            count <= count + 1;   // カウントアップ
        end
    end

endmodule
```

図 14.5 Verilog HDL で記述した 4 ビットカウンタ

14.5 Verilog HDL の基礎

ここでは Verilog HDL の基本的なルールについて説明する。

先に述べたとおり、Verilog HDL では機能ブロックをモジュールと呼び、モジュールごとに記述する。図 14.6 に Verilog HDL におけるモジュールの構成を示す。

```
module モジュール名 (

   input 入力信号名 1,
   input 入力信号名 2,

   output  出力信号名 1,
   output  出力信号名 2);

   wire  内部信号名;
    reg  内部信号名;

  アーキテクチャ宣言部

        回路の機能を記載する

endmodule
```

図 14.6 Verilog HDL におけるモジュールの構成

14.5.1 モジュール名と信号名

Verilog HDL ではモジュールや信号に名称を付けて用いる。この命名には以下の規則がある。

- 使える文字はアルファベット、数字、アンダースコア（_）、ダラー（$）。
- 名称の先頭はアルファベットでなければならない。
- アルファベットの大文字と小文字は区別される。
- 予約語は名称に使用できない。

表 14.1 に主な予約語を示す。

表 14.1　主な予約語とその用途

module	モジュールの開始
endmodule	モジュールの終了
input	入力信号の定義
output	出力信号の定義
inout	入出力信号の定義
wire	内部信号名 (ネット型) の定義
reg	内部信号名（レジスタ型）の定義
always	ハードウェアの動作を記述するブロックの定義
if	条件分岐
else	条件分岐の else 節
case	複数の条件の記述
posedge	クロックの立ち上がりエッジ
negedge	クロックの立ち下がりエッジ
assign	組み合わせ回路の機能を定義

例題 14.1

次のうち、信号名として不適切なものをすべて挙げよ。

- 4bitdata
- data_ 4

- Data# in
- $Data
- case

解答

- 4bitdata　信号名の先頭はアルファベットでなければならない。
- Data# in　信号名には「#」は使用できない。
- $Data　信号名の先頭はアルファベットでなければならない。
- case　信号名に予約語は使えない。

14.5.2 数値

数値には、2 進数、8 進数、16 進数、10 進数が使用できる。2 進数、8 進数、16 進数の場合は、「2'b10」のように、[ビット数] と、'（アポストロフィ）と、[b/o/h] [数値] で表現する。' の次が b の場合は 2 進数であることを示し、o と h の場合はそれぞれ 8 進数と 16 進数であることを示す。例えば「2'b10」は 2 ビットの 2 進数の $(10)_2$ であることを意味する。「8'h4d」は 8 ビットの 16 進数の $(4d)_{16}$ である。

一方で、数値のみを用いて表現した場合には 10 進数であるとみなす。例えば単に「25」と記載した場合には 10 進数の 25 として扱われる。

14.5.3 型宣言

信号には、**ネット型**と**レジスタ型**の 2 種類が存在する。ネット型は値を保持する機能をもたないのに対して、レジスタ型は値の保持機能を有する。その信号がネット型であるかレジスタ型であるかは、信号を定義する際に宣言する。また、信号が 1 ビットではなく複数ビットである場合には、ビット幅の情報もあわせて宣言する。なお、ビット幅の等しい信号は複数個を同時に宣言することができる。表 14.2 に信号の型宣言の記載例を示す。

表 14.2　信号の定義の例と意味

wire clk;	clk という名称のネット型の 1 ビットの信号を定義
wire clk, reset;	clk と reset という名称のネット型の 1 ビットの信号を定義
wire [3:0] dataA, dataB;	dataA と dataB というネット型の 4 ビットの信号を定義
reg data;	data という名称のレジスタ型の 1 ビットの信号を定義
reg [3:0] dataC, dataD;	dataC と dataD というレジスタ型の 4 ビットの信号を定義

複数ビットの信号の各ビットの信号はそれぞれ 1 本ずつの配線に対応する。4 ビットの dataA の最上位ビットは dataA[3] として表記され、最下位ビットは dataA[0] である。dataA[3:0] のように 4 本の配線をまとめて指定することもできる。

例題 14.2

Verilog HDL において次の信号を定義せよ。

(1) ネット型の 8 ビットの信号 sum

(2) ネット型の 1 ビットの信号 A と B と、レジスタ型の 2 ビットの信号 C

解答

(1) wire [7:0] sum;

(2) wire A, B;
　reg [1:0] C;

14.5.4 演算子

Verilog HDL の演算子は C 言語の演算子に類似する。ただし、C 言語には存在するインクリメント演算子（++）やデクリメント演算子（--）は Verilog HDL には存在しない。Verilog HDL において中カッコ {} は連結演算（複数の信号をまとめて 1 個の信号として扱う）の演算子として用いられる。主な演算子を表 14.3 に示す。

表 14.3　主な演算子とその意味

<table>
<tr><th>種類</th><th>演算子</th><th>意味</th><th>種類</th><th>演算子</th><th>意味</th></tr>
<tr><td rowspan="5">算術演算</td><td>+</td><td>加算</td><td rowspan="6">ビット演算</td><td>~</td><td>全ビット反転</td></tr>
<tr><td>-</td><td>減算</td><td>&</td><td>論理積</td></tr>
<tr><td>*</td><td>乗算</td><td>|</td><td>論理和</td></tr>
<tr><td>/</td><td>除算</td><td>^</td><td>EXOR</td></tr>
<tr><td>%</td><td>余剰</td><td><<</td><td>左シフト</td></tr>
<tr><td rowspan="6">関係演算</td><td>==</td><td>等しい</td><td>>></td><td>右シフト</td></tr>
<tr><td>!=</td><td>等しくない</td><td rowspan="3">論理演算</td><td>!</td><td>否定</td></tr>
<tr><td><</td><td>未満</td><td>&&</td><td>論理積</td></tr>
<tr><td><=</td><td>以下</td><td>||</td><td>論理和</td></tr>
<tr><td>></td><td>より大きい</td><td rowspan="2">連結演算</td><td rowspan="2">{}</td><td rowspan="2"></td></tr>
<tr><td>>=</td><td>以上</td></tr>
</table>

14.5.5 RTL 記述の例

図 14.5 に示した 4 ビットカウンタの Verilog HDL を改めて読み解こう。

まず、1 行目の Counter がモジュール名である。この機能ブロックを表す名称である。

2 行目から 4 行目が入出力信号を意味している。1 ビットのクロック信号 clk とリセット信号 rst を定義している。これらは 2 行で記述しているが、いずれも 1 ビットであるため「,」（コンマ）で区切り 1 行にまとめて記載することも可能である。出力信号 count は次の入力まで保持する必要があるためレジスタ型とし、4 ビットとしている。レジスタ型とするためには output ではなく、output reg と記載する。

5 行目は入出力信号が終了することを意味するカッコである。

7 行目から 13 行目の always @(posedge clk or posedge rst) begin...end の部分は「( ) の条件が成り立つときには常に begin...end の部分を実行せよ」という意味である。ここでは ( ) の条件として、クロック信号 clk または リセット信号 rst の立ち上がりを指定している。posedge は立ち上がりを意味する。

8 行目から 10 行目の if (rst) begin ...end は、7 行目に指定した ( ) の条件のうち、rst が条件に合致した場合に begin ...end を実行することを意味する。

14

ここでは、9 行目のレジスタ型の信号 count に 4 ビットの 2 進数 0000 の代入を実行する。レジスタ型の信号に対する代入には「<=」を用いる。

10 行目の end else begin は、冒頭の end は 8 行目の begin の範囲終了を意味しており、続く else begin は rst が条件に合致した場合以外に begin から 12 行目の end までの間を実行することを意味している。ここではレジスタ型の信号 count に 1 を加える。

15 行目の endmodule で Counter の定義を終了している。

以上より、図 14.5 に示した 4 ビットカウンタは、clk が立ち上がるたびに 1 つずつカウントアップする 4 ビットカウンタであることがわかっただろう。また、rst が立ち上がるとカウンタの出力 count は 0000 に戻ることもわかる。このように HDL を用いた回路設計では、目的の機能ブロック内の信号がどのように変化するかを記述し、カウンタ内部の回路構成については記述しない。このような記述が **RTL 記述**である。一見複雑に見える HDL によるディジタル回路の表現であるが、文法やルールを学ぶことで機能ブロックの動作の理解や記述が可能となる。

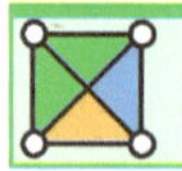

章末問題

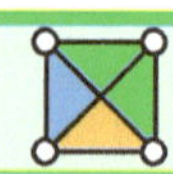

14.1 ある機能をディジタル回路で実現する場合とソフトウェアで実現する場合のそれぞれの利点を説明せよ。

14.2 小規模なディジタル回路を実現する場合に適する実現方法を説明せよ。

14.3 標準ロジック IC の特徴を説明せよ。

14.4 大規模なディジタル回路を実現する場合に適する実現方法を説明せよ。

14.5 PLD と専用 IC のそれぞれの特徴を説明せよ。

14.6 FPGA の設計における「コンフィグレーション」とはどのような作業であるか。

14.7 HDL による回路の記述レベルには、動作レベル、RTL、ゲートレベルの 3 種がある。記述レベルについて記載した以下の文は、それぞれどのレベルに相当するか答えよ。

(1) 機能やアルゴリズムに焦点を当てた抽象的な記述。設計の最初期のアルゴリズム設計に用いられる。必ずしも論理合成できるとは限らない。

(2) 回路を具体的な論理ゲートやフリップフロップで記述するレベル。シミュレーションによりタイミングの検証を行うことができる。

(3) 動作を実現するためのデータの流れとそれを制御するクロックやレジスタを明示的に記述するレベル。合成ツールを用いて論理合成することが可能な記述レベル。

14.8 C 言語と Verilog HDL の違いを挙げよ。

HDL 時代にディジタル回路を学ぶ意味

現代のディジタル回路設計では、 Verilog や VHDL といった HDL を用いると、論理合成ツールが自動的に回路を生成してくれる。このため、「回路の内部構造を知らなくても設計ができるのでは？」と考えるかもしれない。しかし、ディジタル回路の知識は依然として非常に重要である。

HDL でシンプルな回路を記述する場合でも、基本的なゲートやフリップフロップの動作や、それらの遅延特性を理解していないと、タイミング上の問題や意図せぬ誤動作の原因に気付くことができない。論理合成ツールは確かに強力で、最適化や配置・配線を自動的に行ってくれるが、出力される回路が常に正しく、かつ期待どおりの速度や消費電力を満たすとは限らない。FPGA や ASIC が誤動作したとき、内部の論理がどのように実装され、なぜエラーが発生しているのかを突き止めるには、ディジタル回路の動作原理を理解していなければ難しい。

さらに、ディジタル回路を学ぶことで、回路がどのような制約のもとで動いているかを深く知ることができる。知識があれば、ただ合成ツールを使うだけでなく、必要に応じて遅延を挿入したり、回路の一部を異なるクロックで動作させたりするなど、信頼性を高める設計上の工夫を加えることができる。同じ動作を表す HDL コードでも、ディジタル回路を理解している人はより確実に動作する信頼性の高い回路を記述することが可能となる。結果として、ディジタル回路の基礎知識があるエンジニアの設計する回路は高性能となる。このように、回路の特性や制約を理解し、性能を制限するボトルネックを解消する能力が HDL 時代に求められる。

索　引

英数字

あ行

か行

さ行

た行

な行

は行

ま行

や行

ら行

わ行

著者紹介

佐藤隆英（さとうたかひで）　博士（工学）

山梨大学大学院総合研究部工学域教授。

2000年に東京工業大学大学院理工学研究科電子物理工学専攻修士課程を修了。2002年に東京工業大学大学院理工学研究科電子物理工学専攻助手に着任。2007年に東京工業大学大学院理工学研究科電子物理工学専攻助教。その後、2009年に山梨大学大学院医学工学総合研究部准教授を経て、2021年より現職。

NDC541　223p　21cm

電気電子情報ビギナーズコース

ディジタル回路

2025年4月8日　第1刷発行

著　者　佐藤隆英

発行者　篠木和久

発行所　株式会社　講談社

〒112-8001　東京都文京区音羽2-12-21

販売　(03)5395-5817

業務　(03)5395-3615

KODANSHA

編　集　株式会社　講談社サイエンティフィク

代表　堀越俊一

〒162-0825　東京都新宿区神楽坂2-14　ノービィビル

編集　(03)3235-3701

本文データ制作　藤原印刷　株式会社

印刷・製本　株式会社　ＫＰＳプロダクツ

落丁本・乱丁本は、購入書店名を明記のうえ、講談社業務宛にお送りください。送料小社負担にてお取替えします。なお、この本の内容についてのお問い合わせは、講談社サイエンティフィク宛にお願いいたします。定価はカバーに表示してあります。

Printed in Japan

ISBN 978-4-06-537941-7